高等院校艺术设计类精品教材

商业空间设计
（第2版）

刘利剑　张健　周海涛　于玲　李永刚　编著

清华大学出版社
北京

内 容 简 介

本书在理论和实际案例的选择上都注重捕捉最实用和最前沿的内容，从商业空间的发展出发，讲述商业空间的定义、分类与特征、发展趋势，详细介绍了商业空间设计中的商业卖场空间设计、酒店空间设计、餐饮空间设计、娱乐空间设计、休闲空间设计这 5 个主要商业空间类型的基础内容和相关知识，并将视觉传达专业知识引入商业空间设计的范畴，引导并加深学生对商业空间设计的深入学习与探索。

本书可作为高等院校环境艺术设计、室内设计、建筑学等专业的教材，也可供环境艺术设计、室内设计、建筑装饰等行业的设计师学习、培训和参考使用。

图书在版编目（CIP）数据

商业空间设计/刘利剑等编著. --2版. --北京：清华大学出版社，2021.4（2024.7重印）
高等院校艺术设计类精品教材
ISBN 978-7-302-57703-4

Ⅰ. ①商… Ⅱ. ①刘… Ⅲ. ①商业建筑—室内装饰设计—高等学校—教材 Ⅳ. ①TU247

中国版本图书馆CIP数据核字（2021）第050087号

责任编辑：孙晓红
封面设计：李　坤
责任校对：王明明
责任印制：宋　林
出版发行：清华大学出版社
网　址：https://www.tup.com.cn，https://www.wqxuetang.com
地　址：北京清华大学学研大厦A座　**邮　编：**100084
社 总 机：010-83470000　**邮　购：**010-62786544
投稿与读者服务：010-62776969, c-service@tup.tsinghua.edu.cn
质量反馈：010-62772015, zhiliang@tup.tsinghua.edu.cn
课件下载：https://www.tup.com.cn, 010-62791865
印 装 者：三河市铭诚印务有限公司
经　销：全国新华书店
开　本：190mm × 260mm　**印　张：**12.75　**字　数：**307千字
版　次：2014年9月第1版　2021年4月第2版　**印　次：**2024 年 7 月第 7 次印刷
定　价：59.00元

产品编号：074297-01

Preface 前言

商业空间无论是设计内容还是设计范围，都是相对较大、较广的一门综合学科，随着社会的不断发展和进步，商业空间也在经历着划时代的变革，主要体现在空间形式的多样化，装饰风格的多元化，设计过程的系统化、复杂化、专业化，设计范围的扩大化上。

本书编写理论新颖、内容组织完整，理论知识与实际案例相结合，从商业空间的发展出发，讲述了商业空间的定义、分类与特征、发展趋势，并详细介绍了商业空间设计中的商业卖场空间设计、酒店空间设计、餐饮空间设计、娱乐空间设计、休闲空间设计这5个主要商业空间类型的基础内容和相关知识及商业空间设计的要求、设计程序和作为设计师应具备的素质，重点讲述了光环境设计，色彩设计在商业空间设计中的作用、原则，以及商业空间设计中标识及导向系统设计的意义及应用形式，将视觉传达专业知识引入商业空间设计的范畴，引导并加深学生对商业空间设计的理解及对视觉设计的学习与探索。

本书可作为高等院校环境艺术设计、室内设计、建筑学等专业的教材，也可供环境艺术设计、室内设计、建筑装饰等行业的设计师学习、培训和参考使用。

本书在实际案例的选择上，注重捕捉最实用和最前沿的案例，以期做到深入浅出、图文并茂，然而在编写过程中深感该领域的宽广精深以及自己学识有限，常有力不从心之感，但在诸多同人的鼓励及出版社的大力支持与帮助下最终成稿。

本书由刘利剑、李永刚完成商业空间设计概述和商业空间标识及导向系统设计，由张健、周海涛、于玲完成商业空间分类设计、商业空间设计的要求和程序、商业空间光环境设计及商业空间色彩设计。

本书的出版得到了清华大学出版社的全力支持与帮助，也凝结了许多同人的辛勤劳动和智慧。本书借鉴了他们在本领域的探索和研究成果，并参考了大量著作文献，采用了美国室内中文网等设计网站中的部分资料，在此一并表示诚挚的谢意。此外，感谢我的助手郭佳在组稿中给予的帮助，也感谢阎湘之等同事及苏晋、由晓光、孟泉孜等同学为本书提供的部分设计案例及文字整理。最后，感谢所有在本书编写过程中给予帮助和支持的朋友们。

本书难免有不足与疏漏之处，希望专家学者和广大读者批评指正并提出宝贵意见，希望本书能对在校学生、从事该领域学习研究的人士有所帮助！

编　者

Contents 目录

商业空间设计概述

学习要点及目标

- 了解商业空间设计的定义。
- 熟悉商业空间设计的特征。
- 重点掌握商业空间设计的发展趋势。

技能要求

学习并了解商业空间设计的定义，即以商品的陈列展示为主、以促进商品销售为目的的空间环境设计。熟悉商业空间设计的功能性特征：展示性、服务性、娱乐性、艺术性、科技性。掌握商业空间设计的发展趋势：以人为本，原生态，高新技术的应用，多元化，民族化、本土化、世界化。

本章导读

随着生产力的发展，商业活动由非定期发展至定期，由赶集成为集贸，由流动的时空发展到特定的时空。商业空间可以理解为上述活动所需的各类空间形式，是商业活动所需的各类空间环境。商业空间是人类活动空间中最复杂多变的空间类型。

1.1 商业空间设计的定义

商业概念有广义与狭义之分。广义的商业是指所有以营利为目的的事业；而狭义的商业是指专门从事商品交换活动的营利性事业。为商业服务的空间环境设计也同样具有广义和狭义上的区分。广义上的商业空间设计可理解为：所有与商业行为、活动相关的空间环境的设计。狭义上的商业空间设计可理解为：商业活动所需的空间环境设计。狭义的商业空间设计也包含了多方面的内容，随着人类社会的不断进步和市场经济的迅速发展，现代商业空间的综合功能和规模不断扩大，出现各类商业用途的空间环境设计，如宾馆酒店、餐饮店、娱乐场所、休闲空间、专卖店等空间均属于其范畴之内。人们不再只是满足于商业空间功能和物质上的需要，而是对其环境以及对人的精神影响提出了更高的要求，以满足发展的需要。这就必然形成多样化的特征，其概念也会不断演变和延伸。以商品的陈列展示为主、以促进商品销售为目的的空间环境设计称为商业空间设计。它是与人影响周围环境功能的能力、赋予环境视觉次序的能力以及提高人类环境质量和装饰水平的能力紧密联系在一起的。现代商业空间设计应该以满足商业发展需求为前提，搭建商业活动平台，将创新与时代感相结合，营造出满足人们商业活动的空间环境。

商业空间设计不同于人居空间，它包含室外空间、过渡空间、室内空间三大内容。本书将以商业空间中的室内部分为主要内容，就商业空间设计的概念、分类、设计方法、设计程序、光环境、色彩等方面加以论述。

1.2 商业空间设计的特征

最大限度地满足室内空间的使用功能，满足人们的使用要求，是室内设计的永恒主题。在现代商业空间的使用功能上，除传统的设计理念、设计方法外，其功能性特征主要还表现在以下几个方面。

1.2.1 展示性

商业空间以商品的陈列展示为主，以促进商品销售为目的，还包括有关产品本身以及附加信息的传达。图 1-1 所示为潮牌眼镜店，为表达目标客户“新人类”的特立独行气质，将色彩丰富的商品放置在后现代工业风的中性灰环境背景下，通过灯光和展示柜的特异造型与出挑色彩，烘托商品的内在张扬特性，以求尽快获得顾客的深度认同，通过视觉进入客户内心，提升交易的可能性，达成展示目的。

（a）

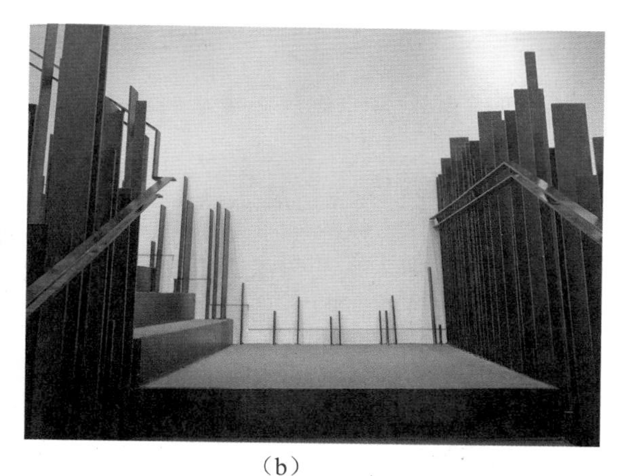

（b）

（c）

（d）

图1-1　潮牌眼镜店

（e）

图1-1　潮牌眼镜店（续）

点评：图1-1所示潮牌眼镜店的商品展示环境，有效地传达了商品内涵，达成展示目的。

1.2.2　服务性

空间存在即为人的需要提供相应的服务功能，满足人们精神与物质生活的需要。图1-2所示为品牌服饰店，因为是店中店的形式，所以能够用透明的玻璃墙体向潜在顾客完全展示店内商品，并巧妙利用转角处的粗大柱体，设置霓虹灯字品牌广告语，结合店内的其他亮色元素和跳跃的墙面灯光装饰，表达“网红”概念，满足人们精神上的追求。

（a）

（b）

图1-2　品牌服饰店

点评：图1-2中带有“网红店”元素的品牌服饰店，贴合网络时代的精神追求。

1.2.3 娱乐性

商业空间的娱乐性，最明显地体现在对情景化场景的运用上，尤其面对年轻客户群体时，突显空间娱乐性，是较好的商业策略。图 1-3 所示为一系列有特点的快消品售卖空间，通过夸张、强烈、刺激的手法，实现场景化空间营造，彰显了适合年轻群体消费观的娱乐性。

（a）

（b）

（c）

（d）

图1-3　快消品售卖空间

点评：图1-3所示为一系列彰显娱乐性的空间设计，适合年轻群体的消费需求。

1.2.4 艺术性

当下的商业空间设计越来越重视生态观念的表达，不断反思过去机械时代对生存环境造成的影响，和农业社会里自给自足的生存状态给人带来的舒适惬意，注重双重体验成为现代都市人艺术化的日常状态，图 1-4 就反映了人们游走于理想与现实之间的时候，通过艺术作品与商业行为的有机融合，在获得物质性商品的同时，也能得到精神方面的艺术享受。

（a）

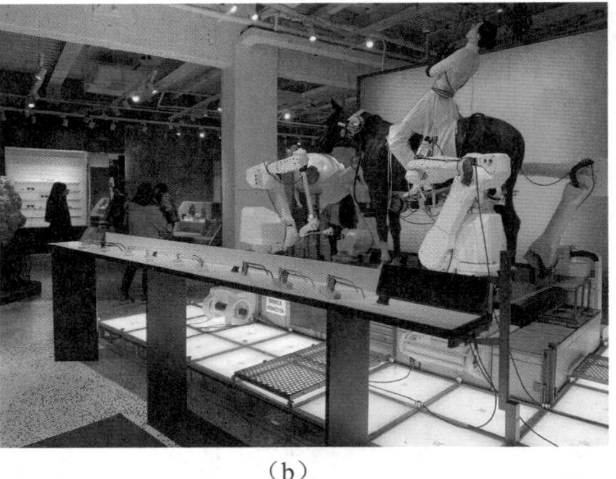

（b）

图1-4　艺术化的空间设计

点评：图1-4所示为艺术化的空间设计，丰富了买卖双方的视觉感知和精神体验。

1.2.5 科技性

现代商业空间设计注重科技手段的运用和加强，展示高科技元素，以增强空间环境的时代感和科技感。图 1-5 中展现的设计科技感十足，给空间带来难以言传的魅力，金属材料与灯光的配合，富有张力的曲线造型，使空间充满了神秘和动感的力量，为商品内涵赋予了活力。

（a）

（b）

图1-5　充满科技感的空间设计

点评：图1-5所示为充满科技感的空间设计，为商品赋予了更多的内涵（来源：谷德设计网 梵誓苏州诚品店平介设计）。

1.3 商业空间设计的发展趋势

商业空间设计紧随社会的不断进步和科技的不断发展而变化延伸。商业空间设计要有时代性、创新性、前瞻性等时代赋予的使命。随着人们生活水平的不断提高，对居住环境、商业环境、工作环境等空间的设计提出了更高的要求，从物质需求到精神需求，人们给予了更多的关注与期待，并使得空间设计呈现出以下几种主要的发展趋势。

1.3.1 以人为本

20 世纪 60 年代以后，人们的价值观从“物为本源”转变为“人为本源”。人们在物质生活得到满足的同时，思想观念也发生着巨大的变化；开始以人为本，注重自身生活环境的改善。在商业空间的设计中，首先要考虑人的感受，即人们在特定空间中心灵的感受及精神需求，做到以人为本；其次再考虑如何运用物质改善空间环境并以此满足精神需求。

1. 对空间做最有效的利用

室内空间环境的设计不仅仅是对建筑的美化，更多的是对室内空间的功能做最有效的利用，使布局更加合理，以满足人们生活的需要；使空间更加完善，以改善人们的居住环境并满足人们的精神需求。在满足功能的前提下，尽可能创造舒适、优美的环境。

2. 注重人的心理需求

商业空间活动是以商业空间的传达和沟通为主要机能的交流活动，其功效的生成与人的心理要素密切相关。室内空间中不同的色彩、尺度、材质、造型等因素给人的心理影响是不同的，消费者的构成成分及需求、观众的心理状态、观众的疲劳状态等都需要进行调查和研究，如不同年龄、性别、职业、民族、地域、信仰的人，对同样的室内空间环境也会产生不同的心理反应和需求。人们在认知客观事物对象的过程中，总会伴随着满意、厌恶、喜爱、恐惧等不同的情感，产生意愿、欲望与认同等。研究人的心理情感关联着对空间环境设计的影响，要求设计师注意运用各种理论以使我们的设计既能符合空间的功能要求，也照顾到顾客的心理需求，创造消费者喜欢的室内空间环境，使消费者在接受服务过程中得到更好的消费体验，享受消费的过程，进而可能衍生商业行为。图 1-6 所示的空间设计注重人的心理需求，素色环境

图1-6 按摩馆的空间设计

点评：图1-6所示设计既要满足功能要求，又要照顾到顾客心理需求（来源：谷德设计网 Orchid 精油按摩馆设计）。

有利于消费者放下心理负担，接受更好的按摩服务，从而在此得到身心的完全放松，空间的功能性与受众的心理预期同时得到满足。

1.3.2 原生态

保护人类赖以生存的自然环境，维持生态平衡，合理开发、利用、使用能源，是世界性的话题，是全球关注的焦点。人类离开赖以生存的环境，一切都将不复存在。正因为人们认识到生态平衡的重要性，所以，在室内空间设计中，人们日益重视保护原生态的空间环境，包括绿色建材的选用和自然能源的合理利用，提倡重装饰轻装修，对天然采光和通风加以充分利用，营造出环保、健康、安全的室内空间环境。如图 1-7 所示在室内环境中恰当地增加绿植，不但能够活跃气氛，增强色彩感，也符合当下人们追求生态理念的诉求，创造自然的空间形象，也会延伸商品内在的原生态属性。

（a）

（b）

图1-7　在空间中搭配绿植

点评：如图1-7所示，适当地在空间中搭配绿植，有助于表达空间和商品的原生态属性。

1.3.3 高新技术的应用

建筑大师密斯・凡得罗（Ludwig Mies Van Der Rohe）曾说过："当技术实现了它的真正使命，它就升华为艺术。"似乎是把技术等同于艺术了。艺术与技术并肩前行。设计师在发展中意识到社会的发展方向并进行了顺应历史潮流的探索。密切关注技术的发展动态，甚至是其他领域的，如航空航天、机械制造和自动控制等方面的技术发展动态，大胆尝试将最新的技术和材料结合运用到自己的设计中去，将永远是设计师应有的职责。建筑中就存在这样以高科技风格为特征的"流派"——高技派（High-Tech），亦称"重技派"。

高技派宣扬机器美学和新技术的美感，它主要表现在以下三个方面。

（1）提倡采用最新的材料——高强钢、硬铝、塑料和各种化学制品来制造体量轻、用料少、能够快速与灵活装配的建筑；强调系统设计（Systematic Planning）和参数设计（Parametric Planning）；主张采用与表现预制装配化标准构件。如图 1-8 所示，高新技术与材料的应用，可提升空间美感。利用结构的美感增强空间的戏剧性，可使空间具有动感。

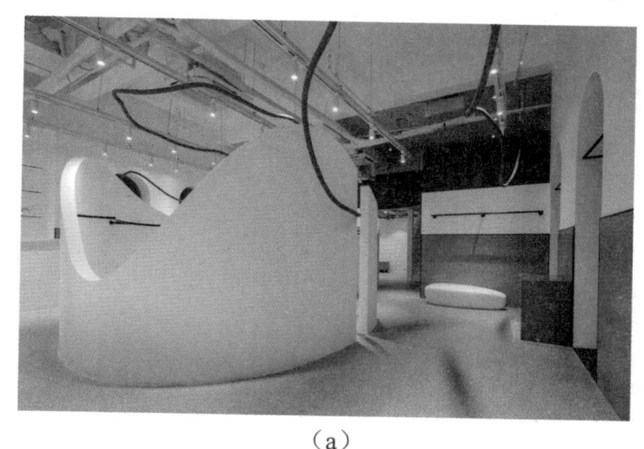

（a）

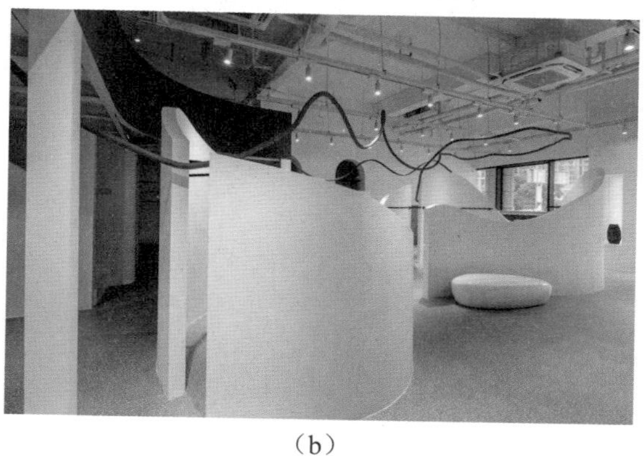

（b）

图1-8 高新技术与材料的应用

点评：如图1-8所示，对金属材料的塑性加工，表达出更柔软的戏剧化效果，有利于营造空间魅力（来源：谷德设计网SHOWNI服装店）。

（2）认为功能可变，结构不变。表现技术的合理性和空间的灵活性，既能适应多功能需求又能达到机器美学效果。这类建筑的代表作首推巴黎蓬皮杜艺术与文化中心，如图 1-9 所示。如图 1-10 所示，重复的构成呈现出的结构美感，强烈地刺激着人的视觉感官。

图1-9 巴黎蓬皮杜艺术与文化中心

点评：如图1-9所示，大尺度钢结构形成具有视觉冲击力的空间主体，直接袒露出空间的本质意义。

（a）

（b）

图1-10　结构重复

点评：如图1-10所示，理性的暴露架构，由简单的结构重复形成空间体系，展现另类骨感美（谷德设计网 首尔雪花秀旗舰店）。

（3）强调新时代的审美观应该考虑技术的决定因素，力求使高度工业技术接近于人们习惯的生活方式和传统的美学观，使人们容易接受并产生愉悦之感。图 1-11 中对 20 世纪技术元素的选择性运用与艺术化表现，体现机器美学对后现代社会的价值延续，既是对历史的致敬，也是对未来的向往。建筑也不再是“钢铁直男”的刻板印象，而是对社会生活价值取向的直接映射，如图 1-12 所示。

（a）

（b）

图1-11　机器工业时代的视觉特征

点评：如图1-11所示，机器工业时代的视觉特征在餐饮空间中的运用，刚柔并济（建筑学院网站 东京星巴克 隈研吾）。

（a）

（b）

图1-12　钢铁的柔美

点评：如图1-12所示，百炼精钢化作绕指柔，现代科技让钢铁业具有了柔美的身段（如室设计网 扎哈哈迪德 北京丽泽SOHO）。

开放与交流带来了世界经济的一体化，也带来了更多建筑新技术的应用及新设计的发展。这些以新材料、新思想、新设计为主的建筑已席卷全球，重技派以新技术在功能、形式上表现建造者的愿望见长，逐渐成为现代建筑师们的主要技法。图 1-13 所示为日本 MIHO 博物馆，充满结构美感的天窗龙骨富有张力及生命力。

（a）

（b）

图1-13　日本MIHO博物馆

（c）

图1-13　日本MIHO博物馆（续）

点评：如图1-13所示，利用现代科技，通过设计构思，传达出传统美学的优美之处（美秀博物馆官网）。

1.3.4 多元化

建筑设计中的风格与流派一直影响着室内设计师，现代主义、后现代主义等风格左右着室内设计的风格走向，但在多元化的时代，室内设计的风格很难用固定的模式区别和统一，室内设计的使用对象不同、功能不同、环境不同和投资标准的差异等多重因素都影响着室内设计的多层次和多风格的发展。多元化的室内设计在当今社会中呈现出一个整体的趋势，代表着时代的特征，反映出当今世界室内设计的发展潮流。图1-14中由夸张、变形、抽象的图案进行墙面装饰，图1-15中广告意味强烈的店标和主题商品也成为空间装饰的有机组成部分。

（a）

（b）

图1-14　有个性的墙面装饰

点评：图1-14中富有个性的图案，表达空间的内涵。

图1-15　店标

点评：如图1-15所示，放大的店标也可以是室内的装饰。

1.3.5 民族化、本土化、世界化

“只有民族的才是世界的”。在今天，世界民族的多样化造就了文化的多元化，导致民族间语言、行为、思想、信仰、设计的不同。

我国是一个具有悠久历史的文明古国，五千年的历史造就了多样化的民族，形成了不同的文化特征。同样，室内空间环境设计也因地域、文化、历史等因素形成不同的风格特征。在室内空间环境设计上应充分表现民族化的特征，因为只有蕴含民族特色的优秀文化，才具有世界的意义，例如中国功夫、中国园林、中华美食等，皆已驰名世界。在进行室内空间环境设计时，应融合时代精神和历史文脉，发扬民族化、本土化的文化，用新观念、新意识、新材料、新工艺去表现新中式室内空间，创造出既具有时代感又具有民族风格、地方特色的空间环境，这是时代赋予设计师的使命。

当我们强调“只有民族的才是世界的”的同时，也应同样强调“只有世界的才是民族的”。从古至今，任何先进民族文化的发展，都离不开同世界的交流。只有对世界优秀文化的不断汲取与再创新，才是发展本民族文化的不尽源泉。明清时代，之所以发展停滞，落后于世界各国，就因闭关锁国，拒绝吸纳世界优秀文化。图 1-16 中，简洁的造型、自然的材料、标志性的圆洞、沉稳的色彩都透露出东方的禅意。图 1-17 中充分利用空间三维尺度，配合造型和灯光，营造出具有韵味的空间意境。

（a）

（b）

图1-16　东方的禅意

点评：图1-16 中东方元素的运用，传达含蓄内敛的东方精神（谷德设计网 CEO会所）。

图1-17　意境的营造

点评：如图1-17所示，意境的营造是高级的空间设计目标，传统文化的底蕴不可或缺（谷德设计网 玑遇SPA）。

本章小结

商业空间是人类活动空间中最复杂多变、多元化的空间类型。商业空间设计就是以商品的陈列展示为主、以促进商品销售为目的的空间环境设计。商业空间设计不同于人居空间，它包含室外空间、过渡空间、室内空间三大内容。最大限度地满足室内空间的使用功能，满足人们的使用要求，是室内设计的永恒主题。在了解商业空间设计的特征基础上，掌握商业空间设计的发展趋势尤为重要，对于我们从事商业空间设计服务有着极为重要的意义。

1．商业空间设计的定义是什么？
2．商业空间的功能性特征都有哪些？
3．如何理解商业空间设计的“民族化、本土化、世界化”发展趋势？

内容：课后任选5种商业空间类型的图片资料，对其功能性特征及发展趋势特征进行分析说明。

要求：分析准确，说明详尽，条理清晰，文笔流畅。

第2章

商业空间分类设计

学习要点及目标

- 熟悉不同商业空间形式的分类及设计中的相关知识。
- 掌握家具布置、界面设计及光环境设计方面的知识。
- 掌握各空间分类与设计原则。

技能要求

学习并了解世界近现代设计发展史及现代设计的发展历程和演变，熟练掌握专业制图软件，并能用手绘形式表达设计构思与意图。

本章导读

商业空间环境设计，泛指为人们日常购物行为提供商业活动的各种场所的设计。商业空间的构成十分复杂，种类繁多。不同的空间特性、经营方式、功能要求、行业配置、规模大小及交通组织等产生多种不同的建筑空间形式。从不同的角度出发，商业空间会有不同的形式。本章分别对商业卖场空间设计、酒店空间设计、餐饮空间设计、娱乐空间设计、休闲空间设计五种类型空间的分类、设计原则及灯光环境进行了详细介绍。通过对这五类空间的学习与认识，提升对商业空间的设计能力。

2.1 商业卖场空间设计

2.1.1 商业卖场的分类

1. 购物中心（shopping center or mall）

特点：功能齐全，集购物、餐饮、娱乐、休闲于一体。

2. 超级市场（super market）

特点：商品种类多，分布合理、方便。便于人们日常生活消费。

3. 中小型自选商场（middling optional marketplace）

特点：小规模经营，灵活方便，并可渗入各类生活空间中。

4. 商业街（shopping street）

特点：集休闲、购物、娱乐于一体。注重入口空间、街道空间、店中店、游戏空间、展示空间、附属空间与设施的设计。

5. 专卖店（specialized shops）

特点：定位明确，针对性强，风格具有个性。有家用电器、妇女时装、金银首饰、品牌专卖等。

2.1.2 商业卖场的设计原则

1. 商业卖场入口设计

商业卖场入口设计的好坏直接影响消费者购物的情绪。商业卖场入口通常可以通过橱窗、灯箱、招牌、灯光、装饰物及新颖、奇特的造型等方面进行创新设计，来吸引更多的人进入卖场并对内部陈设的商品产生兴趣和购买欲望。

商业卖场入口的位置是人流会聚的中心，其内空间应尽量开敞，并留有足够的缓冲空间，以保证顾客进入方便和疏散顺利。流线设计应结合商业卖场空间的整体布局来设置，避免出现顾客不光临的"死角"，具有引导性的动态流线设计非常重要。图 2-1 所示入口，对外有较好的标示性，起到了吸引注意力和引导人流的作用，也对消费者了解商品的内涵有一定的心理预设。

（a）

（b）

图2-1　商业卖场入口

商业卖场入口设计要点在于：① 用吊顶造型与地面的流线相呼应来增强人流导向性；② 用货架陈列、展示柜等的划分来引导顾客走向；③ 通过天花、墙面、地面三界面的造型、色彩、材质、灯光、配饰等要素的多样化构成手法来诱导消费者的视线，从而激发他们的购买欲望。图 2-2 所示为重庆苏宁极物旗舰店设计。

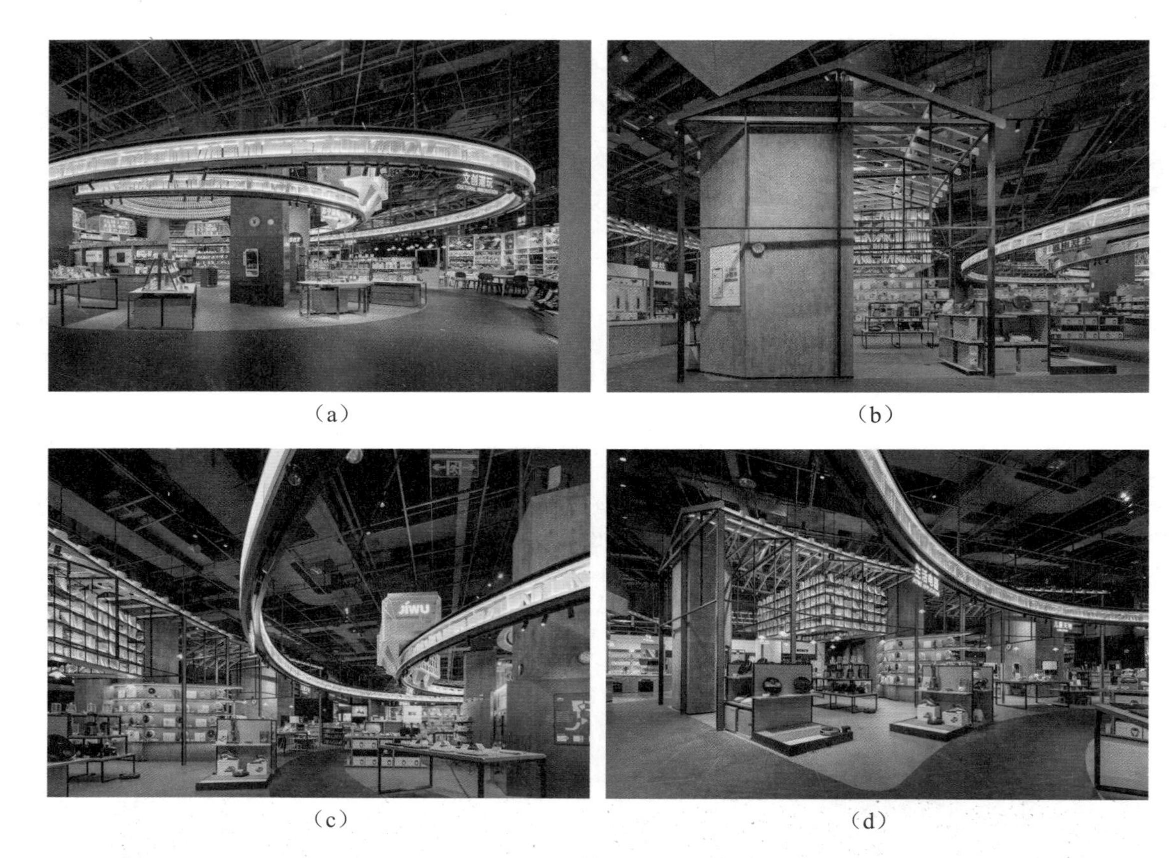

（a）　（b）

（c）　（d）

图2-2　重庆苏宁极物旗舰店

点评：如图2-2所示，入口与视觉中心直接对应，有利于将顾客快速引流至空间内部。

2. 商业卖场的销售区

1）商业卖场销售形式

商业卖场的销售形式主要有开架式、闭架式两种。

开架式是指不需要通过营业员服务，而让顾客随意近距离挑选货柜、展台、展架上的商品的开架经营方式；反之则是闭架式。开架式是销售的主流形式，体现了商品经济时代高效、人性化的特点，适用于家用电器、服装服饰、家具家居用品、日常生活用品、食品等。

闭架式多适用于化妆品、金银首饰、珠宝、手表、手机、照相机等小件贵重物品的销售形式。

2）商业卖场家具设计

商业卖场的家具主要指陈列商品用的展架、展柜、展台等。展架、展柜、展台是商业空间的主角，它们的造型、风格、色彩、材质设计的好坏直接影响着整个空间的审美效果。其实用功能是第一位的；其次是形式的美感。另外，还要考虑其灵活性、多样性。

图 2-3 和图 2-4 呈现出不同的商业空间里，根据所陈列的商品不同，其所使用的展柜、展架等家具有所不同，相得益彰，实用性和美感俱佳。

（a）

（b）

图2-3 高级饰品的展柜

点评：如图2-3所示，高级饰品的展柜、展台也和商品一样具有设计感、高级感。

（a）

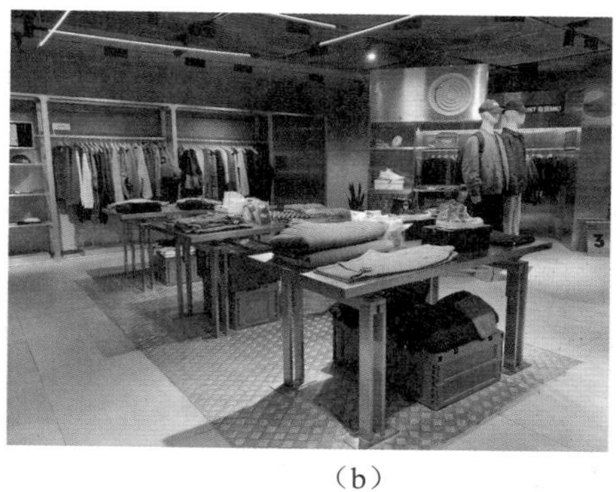
（b）

（c）

（d）

图2-4 卖场中的家具

点评：如图2-4所示，由于商业店铺所售卖的商品品类丰富，所以家具也就和商品相配合，多种多样。

3. 商业卖场家具布置

1）直线型

直线型是指按照营业厅的梁柱的结构，把每节柜台整齐地按横平竖直的方式有规律地摆放，形成一组单元柜台的布置形式。其优点是摆放整齐，方向感强，容量大；缺点是较呆板，变化少，灵活性小。

2）斜线型

斜线型是指商品陈列柜架与建筑梁柱或主要流线通道布置成一个有角度的柜台形式。其优点是活泼，有一定的韵律感；缺点是容量相对较小，异型空间较多。

3）弧线型

弧线型是指把展柜、展架、展台设计成弧形、曲线形的摆放式样和造型的陈列方式。其优点是活泼、动感强；缺点是占用空间较大。

在实际运用中，以上三种陈列形式互相穿插布置，才会创造出灵活多变、活泼创新的空间形式。不同的商品采用不同的陈列方式。总之，只有把握商品陈列摆放有序、主次分明、视觉效果好、便于顾客参观选购的原则，才能设计出好的空间布局。

如图 2-5 所示，化妆品卖场的家具布置，随着主要通道直线或曲线的变化，采用直线型、斜线型、弧线型而灵活布置。

（a）　（b）

（c）　（d）

图2-5　化妆品卖场的家具布置

点评：图2-5 展示家具随周边通道的情况而灵活布置。

4. 商业卖场界面设计

商业卖场的主要界面是墙面、天花、地面。

1）墙面

商业卖场除中厅、柱子采用石材、塑铝板等耐用并符合消防要求的装饰材料外，大多数墙面基本上被展柜、货架、展架遮挡，通常只是刷乳胶漆或做喷涂处理。但卖场区域展示柜的上方、“屋中屋”外立面和专卖场主背景墙面，往往是设计的重点，它对整个设计风格的突显，能起到很好的展示作用，应做重点设计。

2）天花

商业卖场中吊顶材料多使用轻钢龙骨纸面石膏板，还有轻钢 T 龙骨硅钙板、矿棉板、铝扣板等消防性能较好的防火材料。商业卖场天花的设计应以简洁为好，与地面总体的格局应做呼应处理，还要考虑其造型的设计不与空调风口及消防喷淋相冲突。

3）地面

商业卖场的地面设计应首先考虑防滑、耐磨和易清洁。常用的材料有防滑地砖、大理石、PVC 地板等耐磨材料，根据设计需要，马赛克、钢化玻璃、鹅卵石等也是经常用作地面局部装饰点缀的材料。在商场的有些高档的商品专卖区或独立经营的专卖店，有时也会用木地板或地毯进行地面铺装，以提升商业卖场的档次。

图 2-6 所示为 Bymalic 咖啡馆，室内外的界面处理安静舒适，恰当地体现了女性消费群体对咖啡馆的需求。

（a）

（b）

（c）

（d）

图2-6　Bymalic咖啡馆

点评：图2-6中各界面处理简洁而有节制，符合当下审美趋势。

2.1.3 商业卖场的光环境设计

1. 商业卖场的一般照明设计

商业卖场的一般照明设计应注意以下几点。

（1）注意把握照明器的匀布性和照明的均匀性。

（2）注意照明的显色性。

（3）灯具尽量选用避免眩光的格片或暗藏式灯具。

（4）可以根据光照来划分不同的售货区。

2. 商业卖场的重点照明设计

商业卖场的重点照明设计应注意以下几点。

（1）重点照明区域的照度要大于其他区域，如展柜、展架局部商品的重点照明，应比人行通道的照明度要高。一般情况下，重点照明与一般照明的照度之比为 5 ∶ 3。

（2）特别要注意照明的显色性。

（3）考虑商品质感、立体感的表现。

（4）注重灯具、光源的选择，避免眩光的产生。

3. 商业卖场的装饰照明设计

商业卖场的装饰照明设计应注意以下两点。

（1）照明只以装饰为主要目的，不承担基础照明和重点照明的任务。

（2）可以选用有装饰效果的灯具进行装饰照明，也可以设计有装饰效果的光源进行装饰照明。

图 2-7 所示为 Chanel 上海 K11 体验店，优秀的光环境设计诠释了奢侈品面向年轻消费群体的品牌策略。

（a）

（b）

图2-7　Chanel上海K11体验店

（c）

（d）

图2-7 Chanel上海K11体验店(续)

点评：如图2-7所示，通过光的设计传达空间理念，有效提升销售业绩。

2.2 酒店空间设计

2.2.1 酒店空间设计的分类

酒店业发展至今，真可谓名目繁多、应有尽有。由于历史的演变、传统的沿袭、地理位置与气候条件的差异，酒店用途、功能、设施的不同，世界各地的酒店五花八门，千奇百怪，说不尽，数不完，实难分类。不过，为了比较、研究及更好地经营管理等目的，人们对酒店也有一些大致的分类方法，有的是世界各国比较通用的分类法，而有的则是仅限于某国家、某地区采用的分类法，下面介绍两种具体的分类方法。

1. 按照传统分类

1）商业性酒店

所谓商业性酒店，就是为从事企业活动的商业旅游者提供住宿、膳食和商业活动及有关设施的酒店。一般来讲，这类酒店都位于城市中心，商客居住的时间大都在星期一至星期五。这是从事商业活动的时间，也就是商业旅游者从事商业贸易的场所。周末，也就是星期六和星期日是商业性游客的假日，因此很少来酒店订房居住或办公。

商业性酒店的最大特点是回头客较多。因此，酒店的服务项目、服务质量和服务水准较高，要为商业旅游者创造方便条件，酒店的设施要舒适、方便、安全。

商业性酒店在服务方面，应培养一批服务技能高超、外语流利，礼节礼貌及服务态度热情、周到的服务员，以便向商业旅游者提供快速的客房用餐和服务周到的大型宴会。

在商业性酒店，旅游者居住的时间一般是一至两天（不过夜不算住宿），在这里居住的商业旅游者一般都是受过高等教育、有着国际交际礼仪和丰富企业管理经验的上层人物和企业家。因此，酒店服务员的服务态度、语言交际要表现出高度的礼节礼貌；服务技术要高超，服务程序要熟练、准确，否则将影响商业旅游者的商业活动、贸易洽谈，同时损害酒店的声誉。

世界国际酒店集团所属的酒店，绝大多数是商业性酒店，他们根据旅游市场的需求比例，建造各种类型的酒店。如纽约希尔顿酒店、芝加哥凯悦酒店、华盛顿马里奥特酒店、日本东京帝国酒店等都是典型的商业性酒店。

2）长住式酒店

长住式酒店主要为一般度假旅客提供公寓生活，它被称之为公寓生活中心。长住式酒店主要是接待常住客人，这类酒店要求常住客人先和酒店签订一项协议书或合同，写明居住的时间和服务项目。

长住式酒店已被我国有些酒店视为“保底收入的一种有效做法”。目前，我国还没有纯粹的长住式酒店，只有部分居住时间为半年甚至一年以上的长住客人。我国有些酒店将其客房的一部分租给商社或公司，作为它们的办公地点、商业活动中心，形式为长住式酒店。这些酒店都是向长住商客提供正常的酒店服务项目，包括客房服务、饮食服务、健身和康乐中心等服务。

长住式酒店一般收费较高，其原因是长住游客不像一般游客那样在酒店就餐、购买纪念品及在公共服务项目上花费，因此这些应该得到而失去的营业额都加到客房服务的账目里；同时长住商客要求一些额外的客房设施，这也是增加费用的一个原因。另外，长住式酒店也要提供比较现代化的电源设备、电传、电话，特别是海外直拨电话、传译，还要提供交通方便、安静的住所。

3）度假性酒店

度假性酒店主要位于海滨、山城景色区或温泉附近。它要离开嘈杂的城市繁华中心和大都市，但是交通要方便。度假性酒店除了提供一般酒店所应有的一切服务项目以外，最突出、最重要的项目便是它的康乐中心，因为它主要是为度假游客提供娱乐和度假场所，如为那些度蜜月的新婚夫妇提供各种酒店服务。因为度假游客在自己的游玩旅程当中，还要进行社交活动，所以度假性酒店的文艺演出设施要完善，像室内保龄球、台球、网球、室内外游泳池、音乐酒吧、咖啡厅、迪斯科舞厅、水上游艇、碰碰船、水上漂、电子游戏以及美容中心和礼品商场都是不可缺少的。此外，“付费点播”电视也是十分重要的。

度假性酒店不仅要提供舒适、怡人的房间，令人眷恋的娱乐活动和康乐设施，还要提供热情而快速敏捷的服务。

还有一点需要指明的是，度假性酒店一般设在自然环境优美、诱人、气候好的热带地区，四季皆宜，树木常青，酒店要位于海滨。

我国部分海滨、沿海城市有度假性酒店，如北戴河、青岛、大连等地的酒店属于这一类型，但不是热带气候，只是季节性的度假酒店。另外其设施、服务相当于典型的度假性酒店的设施、服务，居国际水平，如深圳的西丽湖度假村、香蜜湖度假村酒店，珠海的游乐中心以及长江宾馆等，吸引了大批的港澳同胞、日本游客前去度假和欢度周末。我国的海南即将成为中国的夏威夷、中国的加勒比海，那里将是我国度假性酒店的集中地，将是日本旅客、港澳同胞最理想的度假场所。

4）会议酒店

会议酒店是专门为各种从事商业贸易展览会、科学讲座会的商客提供住宿、膳食和展览厅、会议厅的一种特型酒店。

会议酒店的设施不仅要舒适、方便，有怡人的客房和提供美味的各类餐厅，同时要有大小规格不等的会议室、谈判间、演讲厅、展览厅等，并且在这些会议室、谈判间里都有良好的隔板装置和隔音设备。

2. 按照星级标准分类

国际上，按照酒店的建筑设备、酒店规模、服务质量、管理水平，逐渐形成了比较统一的等级标准。通行的旅游酒店的等级共分五等，即五星、四星、三星、二星、一星酒店。

1）五星酒店

五星酒店是旅游酒店的最高等级。其设备十分豪华，设施非常完善，而且服务非常周到。有各种各样的餐厅，较大规模的宴会厅、会议厅，综合服务比较齐全，是社交、会议、娱乐、购物、消遣、保健等的活动中心。

2）四星酒店

四星酒店设备豪华，综合服务设施完善，服务项目多且质量优良，室内环境艺术优雅。在这里客人不仅能够获得高级的物质享受，也能获得很好的精神享受。

3）三星酒店

三星酒店设备齐全，不仅提供食宿，还有会议室、游艺厅、酒吧间、咖啡厅、美容室等综合服务设施。这种属于中等水平的酒店因设施及服务良好且价格相对较便宜，在国际上最受欢迎，数量较多。

4）二星酒店

二星酒店设备一般，除具备客房、餐厅等基本设备外，还有小卖部、邮电、理发等综合服务设施，服务质量较好，属于一般旅行等级。

5）一星酒店

一星酒店设备简单，具备食、宿两个基本功能，能满足客人最简单的旅行需要。

根据我国颁布的《旅游酒店星级管理办法规定》，以及硬件设备设施条件，酒店最高划分为五星级，而现代酒店的评定仍用 1998 年的评定标准，但现在许多大酒店因后期设计的更新，其硬件设施已不能完全用以前的评定方法来界定，比五星的标准还要高，如规定五星级酒店门锁要用 IC 门锁，而现在许多新型酒店已用指纹、声音来识别。

六星级酒店即是行业内人士认为超过五星级酒店之上的。而七星级酒店，即行业内人士认为如果让他去评六星都还不能够形容其服务、硬件之完善，如迪拜的 Burj Al-Arab 酒店就是大家公认的七星级酒店，其消费水准、豪华程度无与伦比，标准间最低房价约 7200 元人民币 / 晚，总统套房的每晚房价为 1.8 万美元，折合人民币约 14 万元人民币 / 晚。如果到这家饭店去参观，要收取门票，平日 25 美元，假日 50 美元。图 2-8 所示为七星级酒店，奢华到令人窒息。

（a）（b）（c）（d）（e）（f）（g）（h）

图2-8　七星级酒店

点评：如图2-8所示，仅从硬件设置上就可以看出在这种环境中的服务标准。

2.2.2 酒店空间设计的原则

1. 合理的功能布局

合理的功能布局是酒店设计方案的核心内容。合理的功能布局不仅指酒店整体功能的布局要合理，还包括大堂、客房等单体功能空间的合理布局。国家颁布的《旅游涉外饭店星级的划分及评定》从一星级到五星级饭店，第一条规定都是“饭店布局合理”，足见饭店合理功能布局的重要性。图 2-9 所示为星级酒店一层平面布置图，图 2-10 所示为星级酒店一层大堂区平面布置图。

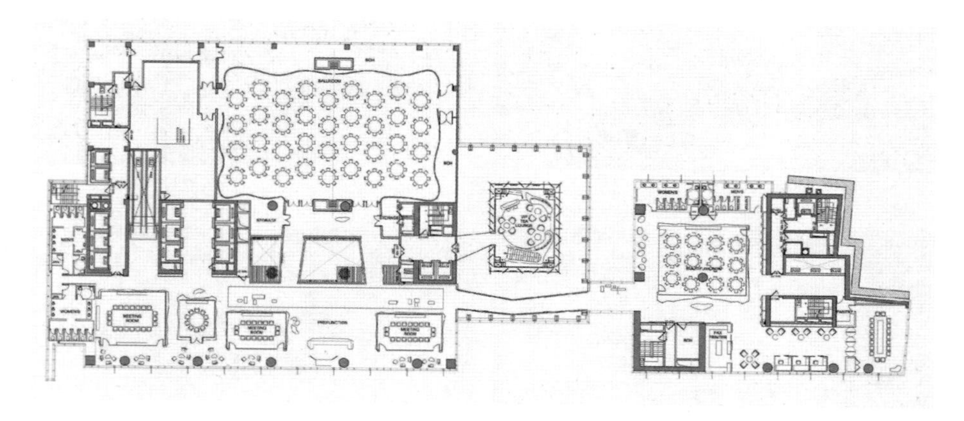

图2-9 星级酒店一层平面布置

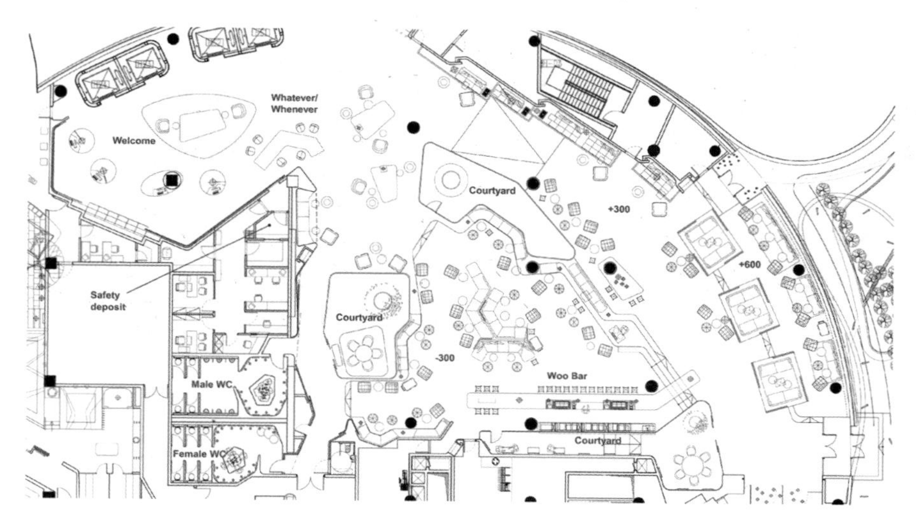

图2-10 星级酒店一层大堂区平面布置

2. 独特的设计风格

每个酒店都应有自己的独特风格，以适应它所在的国家、城市或地区的人们的需要。独特风格不仅要表现在酒店是商务型、观光型、休闲度假型还是会议型等不同类型的市场定位上，还应体现在装修设计风格上。一般来说，度假酒店的整体风格应给人以轻松、亮丽、休闲的感觉；商务型酒店、会议型酒店的风格形式更应突出其功能性，给人以简约、明快之感。图 2-11 所示为时尚简约的酒店设计，图 2-12 所示为具有特别品位的典型酒店设计。

（a）　（b）

（c）　（d）

图2-11　时尚简约的酒店设计

点评：图2-11 所示为符合现代都市商旅出行需求的城市酒店。

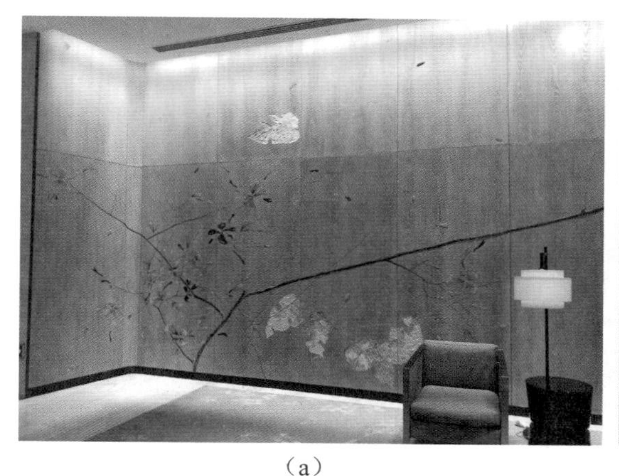
（a）

（b）

图2-12　品位特别的典型酒店设计

点评：图2-12所示为具有特别品位的典型性酒店设计。

3. 注重文化特色

由于在消费需求上的精神文化色彩越来越浓厚，所以，在进行酒店空间设计时，应注重酒店文化品位塑造，可以通过不同的空间造型、色彩、材质、灯具、家具、陈设等来表现酒店的文化特色，体现出高尚的情趣和动人的美感。

4. 注重不同星级装修设计档次的划分

设计师在进行酒店空间设计时，应根据酒店不同的星级标准在设计定位上有所区别，星级越高，装修越高档，如选用豪华材料，工艺更精致，风格更突出，设施更完善等，能与酒店本身星级定位相匹配。

5. 人性化的设计理念

绿色、环保、节能、人性化的设计理念应自始至终渗透在酒店设计的方方面面。

2.2.3 大堂空间设计

大堂是星级酒店、饭店的中心，是顾客获得对酒店、饭店第一印象的窗口，主要由入口大门区、总服务台、休息区、交通枢纽四部分组成。设施主要有总服务台、大堂经理办公桌、休息沙发座、钢琴、饭店业务广告宣传架、报刊架、卫生设施等。

1. 总服务台

总服务台是大堂活动的焦点，是饭店业务活动的枢纽，应设在进大堂一眼就能看到的地方。总服务台是联系宾客和饭店的综合性服务机构，主要办理客人订房、入住和离店手续服务，财务结算和兑换外币服务，行李接送服务，问询和留言服务，接待对外租赁业务（如承办展览、会议等），贵重物品保管和行李寄存服务，以及客人需求的其他服务。

总服务台的长度与饭店的类型、规模、客源市场定位有关，一般为 8 ～ 12m，大型饭店可以达到 16m。

在设计要点上，总服务台设计时应考虑在两端留活动出入口，便于前台人员随时为客人提供个性化的服务，如图 2-13 所示。

（a）（b）（c）（d）

图2-13　总服务台设计

点评：如图2-13所示，总服务台是每个客人的必经之处，但也有不设置固定总台的情况。

2. 总台办公室、贵重物品保险室

总台办公室一般设在总服务台后面和侧面。贵重物品保险室也应与总服务台相邻，主要负责客人的贵重物品保管，客人和工作人员分走两个入口。

3. 大堂经理办公桌

大堂经理的主要职责是处理前厅的各种业务，其办公桌应设在可以看到大门、总服务台和客用电梯厅的地方，如图 2-14 所示。

（a） （b） （c） （d）

图2-14 大堂经理办公桌

点评：如图2-14所示的大堂经理的办公桌椅是为处理与客人相关事务而设。

4. 商场、购物中心

一般酒店的商场主要出售旅行日常用品、旅游纪念品、当地特产、工艺品等商品，四星级、五星级的酒店为了提升自己的品位和档次，专门经营高档品牌服饰、箱包、鞋帽或其他高档商品，以满足客人需要，如图 2-15 所示。

（a）（b）（c）（d）（e）（f）

图2-15　酒店内商场

点评：如图2-15所示，在不同类型、不同地域酒店内设的购物空间，其商品也有区别。

5. 商务中心

商务中心主要为客人提供传真、复印、打字、国际直通电话等商务服务，有的酒店还增设有订飞机票、火车票的功能。商务中心一般应配置计算机、打印机、复印机、沙发等服务设施。

6. 休息区

大堂休息区的位置最好设在总服务台附近，并能向大堂或者其他经营点延伸，既方便客人等候，也能起到引导客人消费的作用。

7. 行李间

行李间主要用来存放退出客房、准备离去但尚未办好手续的旅客们的行李。行李间一般以每间客房 0.05 ～ 0.06m^2 的面积来设定，观光型饭店旅行团行李较集中，行李间面积可适当大些。

8. 公共卫生间

公共卫生间应设在大堂附近，既要隐蔽又要便于识别找寻。卫生间的面积、厕位小间尺寸、洁具布置等设计应符合人体工程学原理，如图 2-16 所示。洗手台盆和男厕小便斗定位的标准为：中距尺寸以 700mm 为宜，厕位小间的标准尺寸为 1200mm×900mm，卫生间的门即使开着也不能直视厕位。

（a）

（b）

图2-16　公共卫生间的设计

（c）

（d）

（e）

（f）

图2-16　公共卫生间的设计（续）

点评：如图2-16所示，公共卫生间在满足功能要求的基础上，也展现出不同的文化韵味。

2.2.4 客房空间设计

客房是宾馆、酒店、饭店向宾客提供住宿和休息的主要设施，是宾馆、酒店的主体部分，也是旅游者旅途中的“家”。无论从客人的角度还是从酒店方的角度来说，客房都是最重要的地方，具有系统性、功能性、标准性和艺术性的特点。其设计的好坏，会直接影响到饭店的收益。宾馆客房应该有吸引人的、像家庭一样的气氛，以保证每位宾客在逗留期间都能感觉到亲切、舒适。

酒店、宾馆的客房房型一般分普通标准间、商务套间、高级标准间和高级套间。五星级酒店为了提升档次，还设有总统大套房。不同规模和不同档次的酒店、宾馆的房型，根据实际需求和经营效率而不同。

1. 功能与设计要求

客房具有睡眠、起居、阅读、书写、储蓄、沐浴等功能。

客房空间的划分在不同的房型中存在着不同的布局方式。标准间按功能一般分通道、卫生间、桌、床位、休闲座椅 5 个区域，客房走道宽度一般为 90 ～ 120cm，其中家具占客房面积的 18% ～ 20%；相对高级的房型，各区域所占室内面积相对较小。

为了满足不同客人的需要，很多酒店还设有 5% ～ 8% 的连通房，即两个普通标准间之间设有可以相通的门，并根据客人的需要，既可单独作为两个标准间使用，也可作为套间经营，这种房间使用率较高。

为了满足商务客人的需求，很多星级酒店设有商务套间。商务套间布局的主要特点是会客间兼工作间，除住宿外，还能满足客人办公的需要。

高级客房在家具尺寸、人流通道、装饰用材和功能设施等方面的要求都高于普通客房。以床为例，普通客房的床位尺寸一般是 1100mm×2000mm、1200mm×2000mm 的规格，而高级套房的床位尺寸一般为 1600mm×2000mm、2000mm×2000mm 等规格。以洁具为例，普通客房只有一般浴缸或淋浴房，而高级套房则有冲浪按摩浴缸或带有按摩功能的淋浴房。豪华套房在一般套间设施的基础上，有的另设有餐厅、厨房、会客厅、小酒吧台、书房兼工作间，以及随从客房等。

很多五星级以上的酒店为了体现档次，设置有总统套房。总统套房在平面布局、功能设施和装饰造价上都是各客房档次的顶尖级，设施造价 500 万～ 2000 万元。总统套房的基本房型分布有起居室（分主卧室、随从室），并兼设有多种形式的卫生间。家具、地毯、灯具、灯饰和置景造型均为精雕细琢的高档工艺精品，其豪华或古朴堪称“极品”。超大型的总统套房的功能设施更是应有尽有。

2. 客房家具设计

家具选材与造型是酒店、宾馆客房功能设计的最基本内容。按通常标准，家具尺寸一般大同小异，但取材造型的样式则种类繁多。设计的基本标准首先取决于客房面积和投资造价，其次是家居风格与整体空间的装饰协调。因受面积的限制，客房家具尺寸略小于居家和办公家具，并由此而形成了一定的功能特征。标准客房的家具一般有梳妆桌（兼写字台）、电视柜、床头柜、行李柜、酒柜、高背椅、圈椅（沙发）、茶几等。

在设计要点上，客厅家具取材和漆色宜与门套、门扇及各种木线配置协调，并把握客房整体装饰风格的统一。

3. 卫生间设计

俗话说，宾馆看大堂，客房看卫生间。卫生间的设计和设备的选配是客房档次的标准，其界面饰材和洁具规格，尤其是洗面台的造型和整体色彩的配置是设计的重点。

卫生间设施配置一般有面盆、坐便器、淋浴房（或浴缸）三种，或面盆、坐便器、妇洁器、淋浴房（或浴缸）四种，高档一点的还配置有按摩冲浪式浴缸、桑拿房等。其他设施还有淋浴喷头、梳妆台、防雾镜、卫生纸盒、存物架、毛巾架、化妆镜、吹风机、晾衣绳等。

在设计要点上，卫生间的设计要求安全、防潮、防滑、易清洁，其地面应低于客房地面20mm。

4. 客房装饰用材与用色

客房作为休息场所，材质选择与色彩色调的处理是以营造宁静、温馨、舒适的个体空间环境为宗旨，材料的选用、颜色的搭配、家具的配置都要以客人感到舒适、温馨和方便、安全为准。客房装饰的主要材料有墙纸或乳胶漆、地毯、床罩、窗帘及门扇门套、踢脚线、阴角线、窗套台板等，把握好恰当的对比与协调关系是客房选材与配色的设计基准。

在设计要点上，主要是客房装饰木质材料应与家具协调一致，墙纸以明亮色系为宜，窗帘、地毯和床罩的花色纹饰及图案应协调一致，客房走道应尽量选用耐脏、耐用的地毯或防水、耐脏的石材。

5. 客房的个性化和创新性设计

客房的个性设计和装修、装饰会对客人产生深远的影响，也是客人是否选择再次入住的重要因素。国内的很多酒店从建筑构造上都惯用一套固定的标准客房型模式，设计含量很低。因此，如何在满足功能需求之外进行客房的创新设计，是设计师所追求的目标。住酒店的客人如果发现房间内的装修形式、颜色、陈设品、家具等都是新奇的、高雅的，他们就会感到一种极大的满足和愉悦。

在设计要点上，把同类型的客房装饰成不同的样式，也是个性化设计的体现，这样能使客人有常用常新的感觉。

图 2-17 展示了各种风格客房的卫生间设计；图 2-18 所示为套房卫生间实例，带金属光泽的瓷砖墙面配合彩色亚克力隔断，营造出有魅力的卫浴空间；图 2-19 所示为一些客房实例，写意的定制地毯、绒面家具，简约的配饰及软包墙面共同营造出现代感较强的客房空间效果；图 2-20 所示为客房卧室实例；图 2-21 中充满温馨与浪漫情怀的色调与丰富且充满质感的材质配饰共同营造出别样的情趣空间。

（a） （b）

（c） （d）

图2-17　客房的卫生间设计

（e）

（f）

图2-17　客房的卫生间设计（续）

点评：如图2-17 所示的客房卫生间更加注重隐私性和舒适度。

（a）

（b）

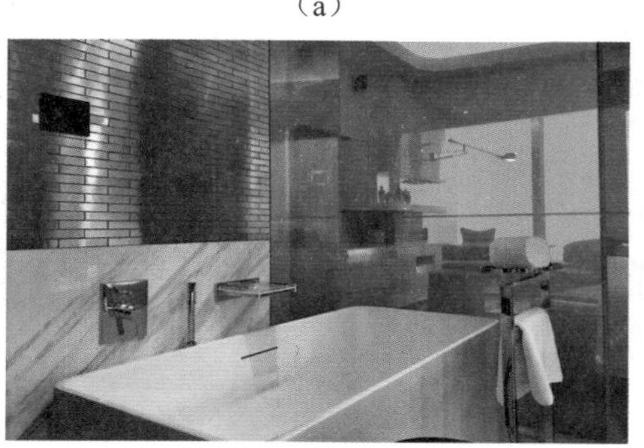

（c）

（d）

图2-18　套房卫生间

点评：如图2-18所示为 运用新材料，营造现代感十足的套房卫生间。

（a） （b）

（c） （d）

（e） （f）

图2-19 客房

点评：如图2-19 所示，柔软的材料和简单的配饰为放松身心营造了良好的氛围。

（a）　（b）

（c）　（d）

（e）　（f）

图2-20　客房卧室

点评：如图2-20所示，卧室就是最让人放松的地方。

（a） （b）

（c） （d）

图2-21 材质配饰设计

点评：如图2-21所示，浓烈冲突的色彩会产生时尚的味道。

2.2.5 中庭和其他空间设计

很多酒店都有中庭空间（或叫内庭空间、共享空间），中庭空间多以室外绿化景色（景观）为主题，把室外景色引入室内，展现生态、绿色。咖啡厅等常与中庭连为一体，并用绿色植物和其他陈设来划分空间。

酒店是一个系统化的设计项目，除了提供住宿、吃饭等基本服务外，还有娱乐、健身等其他综合服务项目，在设计时应统筹考虑。

图 2-22 体现了将室外景色与室内空间相融合的设计手法，把代表自然的山、水、树等元素用再创造的方式展现出来，使人有在大自然中身临其境的感受。如图 2-23 所示，高耸的空间中，有尺度巨大的构件和装饰物，给人营造出一种气势恢宏的空间景象。图 2-24 所示为楼梯一角，展现了现代感较强的楼梯扶手。图 2-25 所示为挑空的餐厅，给人以更多的空间感受。图 2-26 所示为软隔断分割的就餐区，虚拟的空间分隔，通透性较好。图 2-27 所示为室内游泳区，或华丽或简朴，各具其美。图 2-28 所示为休息区，适合短暂停留，家具舒适性强。

（a）

（b）

图2-22　室外景色与室内空间融合

点评：如图2-22所示，运用多种手法打造宜人的环境。

（a）

（b）

图2-23　构件和装饰物设计

点评：如图2-23所示，超尺度的装饰手法，常用于对高大空间的塑造。

（a） （b）

（c） （d）

图2-24　楼梯扶手设计

点评：如图2-24所示，楼梯成为大堂空间中的重要装饰品。

图2-25　挑空的餐厅设计

点评：如图2-25所示，在较高的空间中用餐，有着更自由的体验。

（a）

（b）

图2-26　软隔断分割的就餐区

点评：如图2-26所示为在就餐区用透明材料分割出相对私密的小空间。

（a）

（b）

（c）

（d）

图2-27　室内游泳区

（e）

（f）

图2-27 室内游泳区（续）

点评：如图2-27所示，泳池是高级星级酒店的必备设施。

（a）

（b）

（c）

（d）

图2-28 休息区设计

点评：如图2-28所示，等候空间的设计也能体现酒店的服务水平。

图 2-29 所示为器械健身区，造型活泼，满足休闲健身需求。图 2-30 所示为酒吧区，大

型酒店的酒吧设置有不同的层次，满足不同人的需求，是重要的社交空间。图 2-31 所示为大堂休闲吧，与大堂结合紧密，丰富大堂功能，或封闭或开敞，是活跃的因素。图 2-32 所示为酒店的入口、门厅、休息区、酒吧区空间，整体感强，视觉感协调统一，元素运用恰当合理。

（a）

（b）

（c）

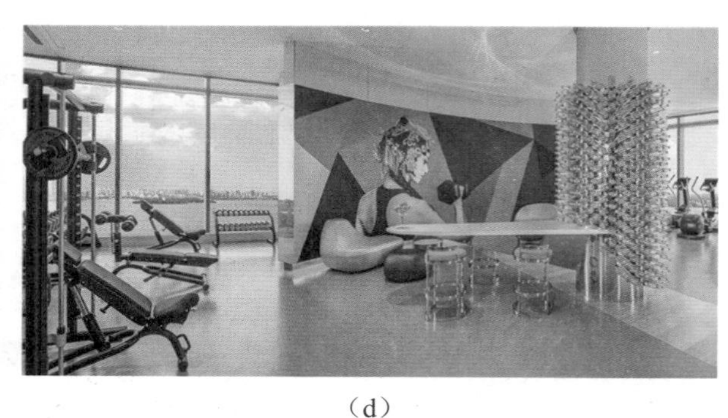

（d）

图2-29　器械健身区

点评：如图2-29所示的器械健身区也是不可或缺的。

（a）

（b）

图2-30　酒吧区

（c） （d）

（e） （f）

图2-30 酒吧区（续）

点评：如图2-30所示的酒吧区在星级酒店的设计中占有重要的位置。

（a） （b）

（c） （d）

图2-31 大堂休闲吧

点评：如图2-31所示的休闲吧是大堂里人们利用率较高的地方。

（a）　　（b）

（c）　　（d）

图2-32　酒店的入口、门厅、休息区、酒吧区的统一

点评：如图2-32所示，联系性强的系列空间引人入胜。

2.2.6 酒店空间设计的光环境

酒店的照明设计除了满足功能性的照明外，其艺术性的表现作用对宾馆、酒店的环境氛围改善具有非常重要的意义。

大堂是酒店、饭店的核心，照明设计的好坏会直接影响大堂的效果。一般情况下，大堂天花整体照明布光应均匀、明亮，选择照面方式一定要满足总台接待区、休息区、交通空间等不同功能空间的需要，并考虑其局部的照明因素以补充一般照明（整体照明）的不足。但在不破坏整体效果的情况下，适当的灯具眩光和玻璃、不锈钢等材质反射光的出现可以增添大堂的豪华气氛。

总台是大堂的视觉焦点，在照度设计上应高于大堂的一般照明，一是要便于书写及阅读相关材料，二是要突出其显眼的位置，便于为客人服务。在照明方式的选用上应注意避免眩光的产生。

客人休息等候区的照明应强调气氛和私密性，光线应柔和，可以利用台灯、落地灯进行氛围的渲染和区域的相对划分，并增强光照的层次感。

电梯间的照明也是非常重要的一部分，一是应该考虑有足够的照度，二是要考虑光线的层次及灯具的选择。通常会用两种灯具以上的照明方式进行照明。

走廊、楼梯间如果没有窗户，一般照明就是全天候的，主要是满足客人行走和应急疏散的视线需要，照度为 150 lx（照度单位勒克斯，即每单位面积所接受的光通量）就可以了，通常将筒灯、暗藏灯槽、壁灯等照明方式结合使用。

客房照明的功能设置较多，有小走廊照明的顶灯、床头照明的床头灯、写字桌上的台灯、梳妆桌上方的镜前灯、休息桌旁的落地灯、酒柜安装的筒灯（或射灯）、衣柜灯、小走廊处或控制柜安装的夜灯。此外，还有卫生间安装的镜前灯、壁灯、防雾灯等。对于各种灯具的选择，首先要注意灯具造型风格的统一，其次还要考虑与客房整体设计风格的协调。

客房各种灯具和开关插座的安装高度及位置应符合星级酒店、饭店规范要求，如开关应安装在离地面 1.4m 的高度，地面插座安装在离地面 0.3m 的高度。

客房走道的灯光既不可太明亮，也不能昏暗，要柔和、没有眩光。可直接安装筒灯照明，也可以考虑采用壁光或墙边光反射照明，还可用顶灯、壁灯结合照明。总之，要为客人营造出一种安静、安全的气氛。

图 2-33 所示为上海 W 酒店各主要功能空间的照明设计。

（a）

（b）

（c）

（d）

图2-33　上海W酒店的照明设计

（e）

（f）

图2-33　上海W酒店的照明设计（续）

点评：图2-33所示为上海W酒店中的光环境设计，表达酒店独特的品位。

2.3 餐饮空间设计

2.3.1 餐饮空间设计概述

餐饮空间主要是指中餐厅、西餐厅、自助餐厅、风味餐厅、宴会厅、咖啡厅、酒吧、茶馆、冷饮店等提供用餐、饮料等服务的餐饮场所的总称。餐饮空间不仅仅是人们享受美味佳肴的场所，还是人际交往和商贸洽谈的地方。就餐环境的好坏直接影响人的消费心理。按用餐对象、目的的不同，顾客选择的餐饮空间也有所区别。总体来说，营造吻合人们消费观念且环境幽雅的餐饮空间环境，是设计首先要考虑的问题。

餐厅按功能划分，通常分为顾客用空间、管理用空间、调理用空间。

顾客用空间主要包括散席区、包房区、宴会厅等，以及附带的洗手间、等候区、衣帽间、收银区等，是服务大众、便利其用餐的空间。管理用空间主要包括管理办公室、服务人员休息室、更衣室、员工厕所、各类仓库等。调理用空间主要包括冷菜间、点心室、洗涤区、烹调区、冷冻库、出菜间、配餐间等。图 2-34 所示为餐厅组成图。

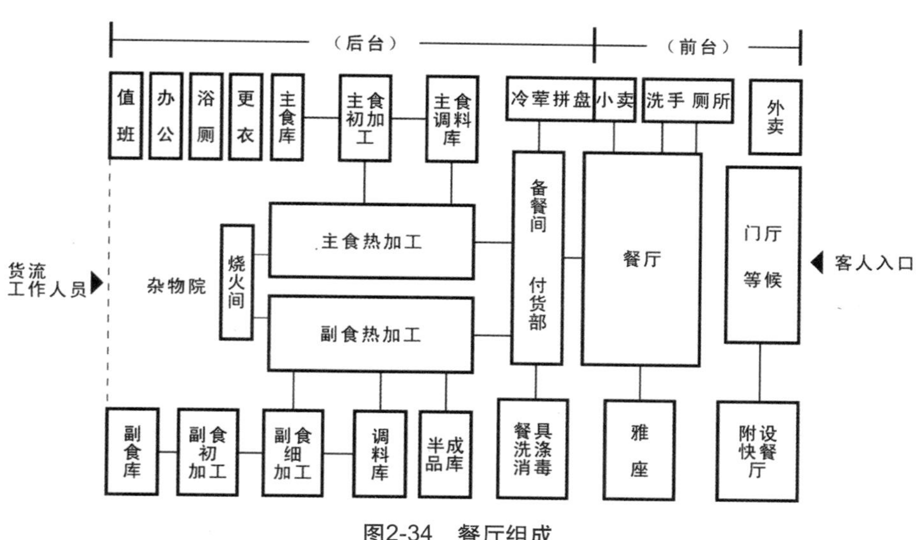

图2-34 餐厅组成

2.3.2 餐饮空间的构思与创意

餐饮业是竞争十分激烈的行业，餐饮店必须特色化、个性化，方能站住脚。而要做到这一点，不仅经营内容要有独特风味的美食，餐饮店空间设计本身也必须有新意，与众不同，环境氛围应舒适雅致，具有浓郁的文化气息，让人不仅享受到厨艺之精美，又能领略到饮食文化的情趣，吃出品位，吃出风情，方能宾客盈门。

因此，餐饮空间设计的构思与创意对餐饮店的成败，具有举足轻重的作用，力求构思巧妙，创意不落俗套，重视精神表现，这是成功之本。

在设计要点上，就餐环境直接影响顾客的消费心理，并起到体现服务档次、质量的作用。因此，充分合理地利用空间，营造舒适幽雅的环境，吸引顾客，使其进行消费，是设计的出发点和根本目的。

1. 设计前的考察调研

构思方案前，需要找到答案的基本问题有以下几个。

（1）投资者、开发商、雇主，他们的目的是什么？（雇主）

（2）谁是客户、参观者或客人，他们的需要是什么？（消费者定位）

（3）即将开始的方案的地理方位、社会地位角色是什么？

（4）餐馆的食谱与方案设计有怎样的联系？

（5）我们想通过设计传达哪种信息？

2. 餐饮空间设计的制约因素

（1）不同类型的餐饮空间，设计风格有很大的差异性。各种不同类型的餐饮空间，有着不同的功能要求、设计定位、主题选择等，设计风格不可以千篇一律，要灵活变化。

（2）投资经费的多少，直接影响档次的定位。投资条件对餐饮空间设计的限制比较明显，资金充裕的设计可以选用高档的材料，并细分空间的功能和增加优良的设施，这些都可以提高空间的舒适度。

（3）要考虑不同的地域位置及消费群体。特有的地域风光、民俗风情、文化内涵、个性特征等，对于设计的影响很大，反映不同地域的物质特征，或者满足不同人群的精神需求，都是设计需要关注的问题。

（4）要考虑餐饮空间建筑结构对设计的影响。实体空间的三维构成，尤其是特殊的结构构件以及结构形式，往往对餐饮空间的设计产生重要影响，大多表现在对使用者行为心理的影响方面。

3. 餐饮空间构思与创意的五种途径

（1）体现风格或流派。具有与众不同的设计风格，是餐饮空间形成独立特定形象的重要手段，它会使人们更容易识别和记忆，也体现出经营者个性化的思路。

（2）设计“主题餐厅”。适应社会需求，满足特定人群的消费心理，是“主题餐厅”得以产生和发展的社会基础，也是餐饮空间设计的一个重要分支。

（3）运用高科技手段。先进的科技手段的运用，使餐饮空间得以更加舒适和人性化，也可以创造更加新奇的视觉或心理体验，满足年轻群体的消费需求。

（4）餐饮与娱乐相结合。“寓餐于乐”，将传统的餐饮方式与现代的娱乐心理结合，创造新颖的餐饮空间设计形式，增加情趣，吸引顾客。

（5）融入经营者的创意。经营者作为餐饮空间的经营和管理主体，其构思的巧妙与否，很大程度上影响了餐饮空间的设计创意和具体实现。

2.3.3 餐饮空间的设计原则

（1）餐厅的面积一般以 1.85m^2/ 座计算，指标过小，会造成拥挤；指标过大，易增加工作人员的劳作活动时间和精力。

（2）厨房和餐厅分布合理，平面布置应先考虑厨房和仓库。

（3）顾客就餐活动路线和供应路线应避免交叉，送饭菜和收碗碟出入也宜分开。

（4）中、西餐室或不同地区的餐室应有相应的装饰风格。

（5）应有足够的绿化布置空间，尽可能利用绿化分隔空间，空间大小应多样化，并有利于保持不同餐区、餐位之间的不受干扰和私密性。

（6）室内色彩应明净，照度应根据空间性质适宜设置。

（7）选择耐污、耐磨、防滑和易于清洁的装饰材料。

（8）室内空间尺度适宜，通风舒畅，采光充分，吸声良好，阻燃达标，疏散通道畅通，标识明确，符合国家消防法规的要求。

在设计要点上，餐厅内部设计由其面积决定，那么对空间做最有效的利用尤为重要。遵循平面布局规划原则，使布局更加合理，使空间更加完善。

图 2-35 所示为走廊部分施工过程的照片，图 2-36 所示为走廊竣工的照片，图 2-37 所示为前厅部分施工过程的照片，图 2-38 所示为前厅竣工的照片，图 2-39 所示为大厅部分效果图及施工过程的照片，图 2-40 所示为大厅部分竣工的照片。

（a）

（b）

图2-35 走廊施工过程的照片

图2-36 走廊竣工的照片

（a）

（b）

图2-37 前厅部分施工过程的照片

图2-38　前厅竣工的照片

（a）　（b）

（c）　（d）

图2-39　大厅部分效果和施工过程的照片

（e）

图2-39　大厅部分效果和施工过程的照片（续）

（a）

（b）

图2-40　大厅部分竣工的照片

2.3.4 餐饮空间设计与人的行为心理

1. 边界效应与个人空间

人在公共空间中有着普遍的自我保护和保持私密性的心理感受。环境心理学对人与边界效应的研究表明：人们倾向于在环境中的细微之处寻找支持物。因此，在进行空间设计的时候必须考虑使用者的心理需求。人的三个心理需求如下。

（1）人喜欢观察空间、观察人，人有交往的心理需求，而在边界逗留为人纵观全局、浏览整个场景提供了良好的视野。

（2）人在需要交往的同时，又需要有自己的个人空间领域，这个领域不希望被侵犯，而边界使个人空间领域有了庇护。

（3）人在交往的同时，需要与他人保持一定距离，即人际距离。

2. 餐桌布置与人的行为心理

（1）在餐饮空间设计中，划分空间时应以垂直实体尽量合围出各种有边界的餐饮空间，使每个餐桌至少有一侧能依托某个垂直实体，如窗、墙、隔断、靠背、花池、绿化、水体、栏杆、灯柱等，应尽量减少四面临空的餐桌。这是高质量的餐饮空间所共有的特征。

（2）餐桌布置既要有利于人的交往，又应与他人保持适当的人际距离。

2.3.5 餐饮空间设计的基本要求

餐饮空间设计的基本要求，是方便接待顾客和使顾客方便用餐。

1. 餐饮空间光环境设计

餐饮空间光环境设计，主要包括自然光环境和人工光环境。其中，人工光环境按类型可分为间接照明、直接照明，投照的方式分为一般照明、局部照明、混合照明、装饰点缀。餐饮空间光的合理运用体现在灯具的选择、光的强弱（餐桌上的光度为 300 ～ 750 lx）、光源的位置、光的角度。

图 2-41 所示为柔和舒适的餐饮空间环境，图 2-42 所示为个性有气势的入口空间设计。

（a）

（b）

图2-41　餐饮空间环境

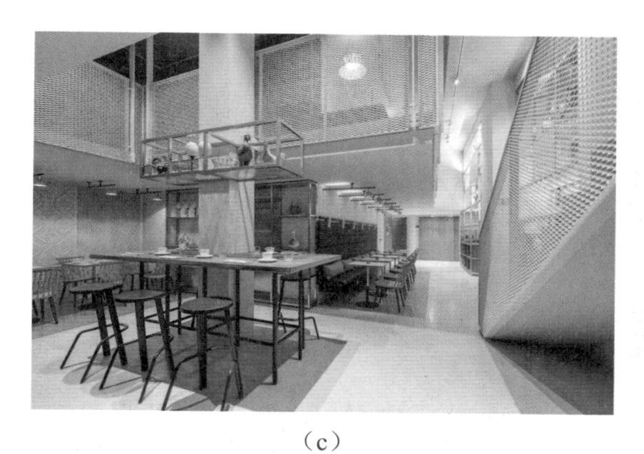

（c）

（d）

（e）

（f）

图2-41 餐饮空间环境（续）

点评：如图2-41所示，就餐空间中优秀的光环境设计对就餐者来讲，与美食同等重要。

（a）

（b）

图2-42 入口空间

（c）

（d）

图2-42　入口空间（续）

点评：如图2-42所示，餐厅的入口有不同的风格，对整个餐厅而言起到画龙点睛的作用。

2. 入口空间设计

1）入口空间的作用与内容

（1）入口空间包括入口门、入口门前的空间和门厅部分。

（2）入口空间起招徕顾客、引导人流的作用，需要有强烈的认知性和诱导性。

2）入口空间的设计手法

（1）把入口空间作为交通枢纽。

（2）把入口空间作为视觉重点。

（3）把入口作为酝酿情绪的空间。

（4）把入口作为缓冲、停留空间。

（5）把入口空间的功能扩大化。

3. 卫生间设计

1）卫生间的平面布局

（1）卫生间的门要隐蔽，不能面对餐厅或厨房，再者要有一条通常的公共走道与其连接，以引导顾客方便找到。

（2）卫生间的位置不能与备餐出口离得太近，以免与主要服务路线交叉。

（3）大餐厅要考虑用厕距离和经由路线，多层应考虑分层设置卫生间。

（4）顾客用卫生间与工作人员用卫生间应尽可能分开。

2）卫生间设计注意事项

（1）卫生间必须设计前室，通过墙或隔断遮挡外面人的视线。

（2）注意卫生间的镜子的折射角度问题。

（3）公共性强，应多采用蹲便，卫生保洁很重要。

（4）使用明窗或用机械通风保证卫生间的通风。

（5）必须设地漏，墙、地、洗面台都要用防水材料。

图 2-43 所示为餐厅的卫生间洗面台。

（a）

（b）

图2-43 卫生间洗面台

4. 厨房设计要点

1）平面设计要点

（1）合理布置生产流线，要求主食、副食两个加工流线明确分开，从初加工到热加工再到备餐的流线要短捷通畅，避免迂回倒流，这是厨房平面布局的主流线，其余部分都从属于这一流线而布置。

（2）原材料供应路线接近主食、副食初加工间，远离成品并应有方便的进货入口。

（3）洁污分流：对原料与成品，生食与熟食，要分隔加工和存放。冷荤食品应单独设置带有前室的拼配间，前室中应配有洗手盆。垂直运输生食和熟食的食梯应分别设置，不得合用。加工中产生的废弃物要便于清理运走。

（4）工作人员须先更衣再进入各加工间，因此更衣室、洗手、浴厕间等应在厨房工作人员入口附近设置。厨师、服务员的出入口应与客人入口分开，并设在客人看不到的位置。服务员不应直接进入加工间端取食物，应通过备餐间传递食物。

图 2-44 所示为厨房的构成及流程示意图。

2）厨房布局形式

（1）封闭式：餐厅与厨房之间完全分隔开。传统中式餐厅较多采用此形式。

（2）半封闭式：露出厨房的一部分，使客人能看到特色的烹调和加工技艺，活跃气氛。当前的中式商业餐饮空间大多采用此形式。

（3）开放式：把烹制过程完全显露在顾客面前，现制现吃，气氛和谐。西式餐厅或具有特殊经营方式的餐厅多采用此形式。

3）热加工间的通风与排风

（1）热加工间应争取双面开侧窗，以形成穿堂风。闷热潮湿的环境，既对从业人员的工作条件产生不利影响，也不利于食品的保存、制作、搬运等工作，良好的通风和采光是优质工作效率和效果的必要保证。

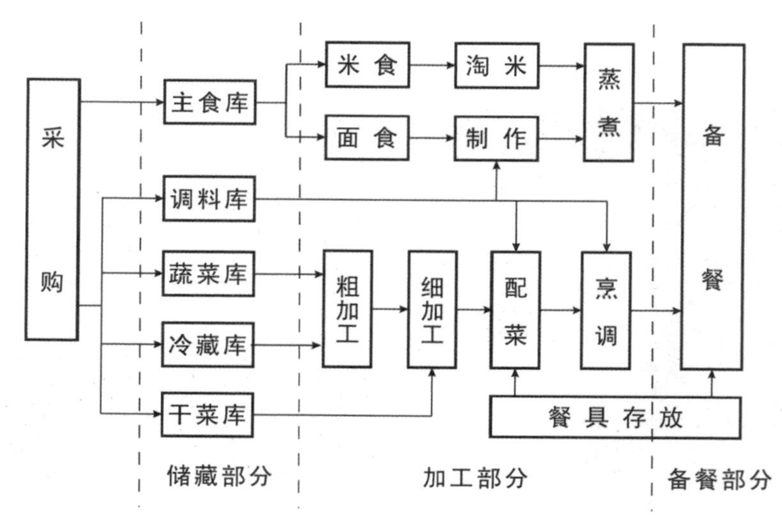

图2-44　厨房的构成及流程

（2）设天窗排气。利用热蒸汽向上升腾的原理，在屋面开设通风口，利用自然风压或人工抽引，使工作区域产生空气流动，有利于及时排除潮湿气体。

（3）设拔气道或机械排风。在没有条件开设大面积直接外窗口的条件下，可以设置人工排风设施，保障室内的基本工作条件。

（4）将烤烙间与蒸饭间单独分隔。持续或集中产生大量热量和蒸汽的工作区域，应该单独设置，避免对其他操作流程产生干扰。

4）地面排水

明沟排水，地面要有 5‰～ 1% 的坡度，坡向明沟。厨房外污水出口处应设“除油井”。

5. 餐厅的家具布置

餐桌的就餐人数应多样化，如 2 人桌、4 人桌、6 人桌、8 人桌等。

餐桌布置应考虑布桌的形式美和中西方的不同习惯，如中餐常按桌位多少采取品字形、梅花形、方形、菱形、六角形等形式，西餐常采取长方形、“T”形、“U”形、“E”形、口字形、课室形等。自助餐的食品台，常采用“V”形、“S”形、“C”形和椭圆形。

餐桌和通道的布置数据参考如下。

（1）服务走道宽度为 900mm。

（2）桌子最小宽度为 700mm。

（3）四人用方桌最小为 900mm×900mm。

（4）四人用长方桌为 1200mm×750mm。

（5）6 人用长方桌（4 人面对面坐，每边坐两人，两端各坐 1 人）为 1500mm×750mm，6 人用长方桌（6 人面对面坐，每边坐 3 人）为 1800mm×750mm。

（6）8 人用长方桌（6 人面对面坐，每边坐 3 人，两端各坐 1 人）为 2300mm×750mm。8

人用长方桌（8 人面对面坐，每边各坐 4 人）为 2400mm×750mm。

（7）圆桌最小直径：2 人桌为 850mm，4 人桌为 1050mm，6 人桌为 1200mm，8 人桌为 1500mm。

（8）餐桌高为 720mm，桌底下净空为 600mm。

（9）餐椅高为 440 ～ 450mm。

（10）酒吧吧凳高为 750mm。

（11）吧台高为 1050mm。

（12）搁脚板高为 250mm。

2.4 娱乐空间设计

2.4.1 娱乐空间的类型

娱乐空间按空间位置区分，可分为内部娱乐空间和外部娱乐空间。

1. 内部娱乐空间

（1）休闲型，如酒吧、夜总会、KTV、桑拿浴等。消费群体大多为商务人士和亲朋聚会等。在设计上大多利用色彩、灯光、造型把空间设计得亮丽动人，特别要突出浓厚的“娱乐场所味儿”。

（2）运动型，如游泳馆、保龄球馆、台球室、健身房等。大多适合年轻群体和热衷于体育锻炼的群体。运动型休闲空间是近年来我国城市发展很快的一种空间类型，这与人们的文化需求多样化和追求更高的生活品质密切相关。

2. 外部娱乐空间

主题公园、游乐场、海滨游泳浴场等，都属于外部空间。亚里士多德说：“人们来到城市是为了生活。人们居住在城市是为了生活得更好。”城市除了给居民提供工作的便利之外，还要满足人亲近自然、从事休闲娱乐活动的愿望，以主题公园、游乐场、海滨游泳浴场等为代表的城市外部娱乐空间，在很大程度上决定了居民的休闲模式和内容，直接影响人们休闲生活的质量，对于满足城市居民的日常娱乐活动需求具有十分重要的意义。

2.4.2 娱乐空间设计的分类

娱乐项目由很多不同类型模式组成，娱乐业从最早期的歌舞厅、夜总会式歌剧院、迪斯科、综合性酒吧、丽人 SHOW 吧，到今天的夜总会、量贩 KTV、娱乐会所、慢摇吧等，经历了一个漫长的过程。特别是在娱乐业不断成熟的今天，娱乐模式及消费群体的细分更加明显及专业化，因此在项目策划的时候首先必须要明确方向，确定娱乐的模式及不同的消费群体。因为它的功能、装饰风格、服务方式、经营理念都有着明显的区别，而前期的策划设计与以后的经营服务是分不开的，所以清楚地认识不同娱乐模式及区分不同的消费群体有利于整个项目的总体策划。

1. 夜总会

夜总会常被人们形容为纸醉金迷，其娱乐模式为唱歌、跳舞、饮酒等。在这种模式下既要照顾娱乐空间的二人世界，也要考虑到集体共乐的公共气氛。

消费的群体主要是一些生意上的商务应酬或知己共餐的人，他们的消费大都有“千金散尽还复来”的气派，豪华高档的装饰硬件和体贴入微的服务软件是该模式的主要特征。

图 2-45 所示为豪华高档的夜总会，造型饱满、色彩丰富，绚丽且华贵。如图 2-46 所示，天花与地面造型相呼应有空间引导的作用。如图 2-47 所示，不同区域材质及色彩的变化使空间更具活力。如图 2-48 所示，酒柜的造型既实用且具丰富的细节。如图 2-49 所示，大厅局部区域半封闭卡座既增强私密性且增加空间层次。如图 2-50 所示，客人区地面局部抬高，增强仪式感，成为空间的亮点。如图 2-51 所示，酒柜主体的曲线造型与空间内大型装饰灯具造型相呼应，灯具与顶部装饰造型之间相呼应，使空间完整而生动。如图 2-52 所示，包房简洁、大方。图 2-53 所示为豪华高档的夜总会包间，水晶吊链、绒面软包、艺术感较强的布艺沙发、金色的线条共同合围成一个高贵、典雅的空间效果。

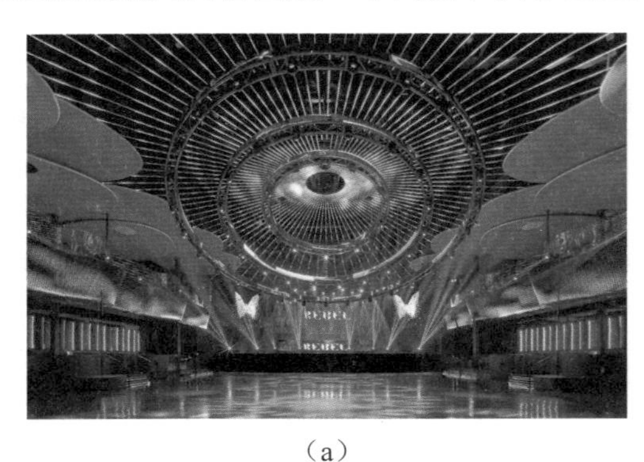

（a）

（b）

图2-45　夜总会

点评：如图2-45所示，空间的色彩、材质、造型相对较夸张。

（a）

（b）

图2-46　天花与地面呼应

点评：如图2-46所示，空间造型和动线相一致。

（a）

（b）

图2-47　材质及色彩的运用

点评：如图2-47所示，空间需要有所变化才更能丰富顾客的体验。

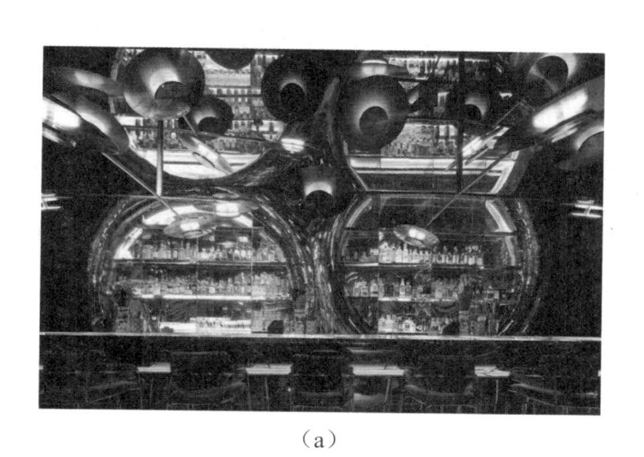

（a）

（b）

图2-48　酒柜的造型

点评：如图2-48所示，吧台酒柜是空间的视觉焦点。

（a）

（b）

图2-49　半封闭卡座

点评：如图2-49所示，卡座区相对散座要更私密些。

（a）（b）

（c）（d）

图2-50　客人区地面局部抬高

点评：如图2-50所示，一部分的座位要区别于其他部分。

（a）（b）

图2-51　酒柜与灯具呼应

(a)

(b)

图2-52 包房

点评：如图2-52所示，包房空间较封闭，一般减少装饰设置。

图2-53 高档夜总会包间

2. 娱乐会所

娱乐会所除了常规的娱乐模式外，主要特征是更具有私密性。以接待为主，使顾客有一个典雅、安全、舒适的娱乐环境，体现出顾客的尊贵身份。

消费的群体，非富则贵，追求高档、幽雅的环境，希望得到无微不至的服务及皇族般的享受。

图 2-54 所示为高档会所内部空间，会客厅、宴请厅整洁且不烦琐，大气又不拘泥于形式。

（a）

（b）

（a）

（d）

图2-54　高档会所内部空间

服务台及整体空间结构感强、材质丰富、色彩亮丽，如图 2-55 所示。

图2-55 会所服务台

图 2-56 所示为高档私人会所内部空间，幽雅的环境体现了休闲特点。

图2-56 高档私人会所内部空间

图 2-57 所示光源柔和的地面灯带适合内敛的空间氛围，而图 2-58 所示的不同材质与灯光的搭配和谐且丰满。

图2-57 柔和的地面灯带

点评：如图2-57所示的地面灯带起引导作用。

（a）

（b）

（c）

图2-58　材质和灯光的搭配

点评：如图2-58所示，在光的帮助下发挥材质的优势。

如图 2-59 所示，大面积明度较低的墙面色彩，在暖光源灯具的照射下，有温暖、沉稳的心理效应，对营造良好的环境氛围有很大帮助。如图 2-60 所示，天花、家具、灯具的造型简洁大方，使用简单的几何形式，使得空间表现出稳定大气的效果。如图 2-61 所示，条形灯带与墙面、地面和家具上的条形装饰相呼应，成为空间中活跃的元素。

（a）

（b）

图2-59 暖光源灯具照射的大面墙

点评：如图2-59所示，大面积的墙面在恰当的光环境下，有效提升环境品质。

（a）

（b）

图2-60 天花、家具、灯具造型

点评：如图2-60所示，空间构成手法洗练，理性内敛。

（a）

（b）

图2-61 条形灯带与墙面、地面和家具呼应

点评：如图2-61所示，同一元素在不同界面中得到体现，使得设计统一起来。

如图 2-62 所示，顶部连续、大尺度的水平方向织物装饰非常抢眼，与竖向几何造型的素色混凝土配合，营造出群山环抱，溪水连绵，云雾缭绕的自然意境。

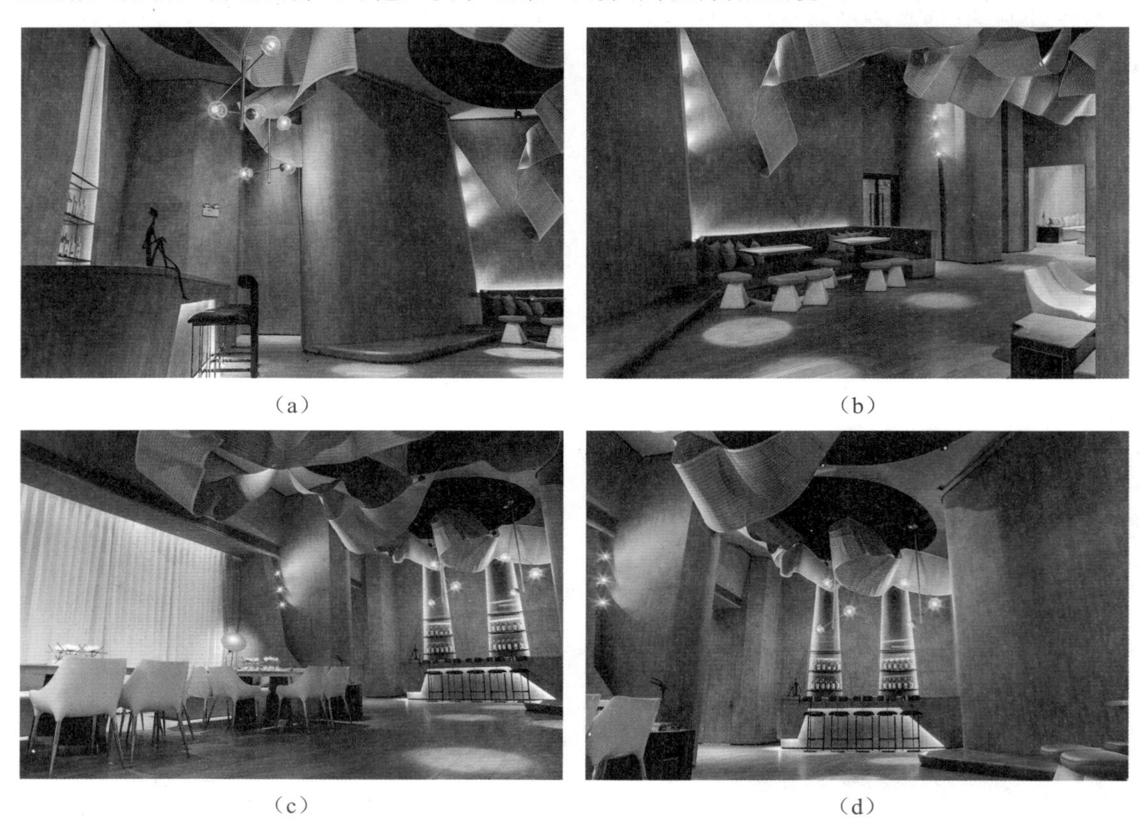

（a）（b）（c）（d）

图2-62　装饰相互配合

点评：如图2-62所示，空间造型与点状光源和隐藏灯带配合，使得层次丰富起来。

3. 迪斯科

劲歌热舞、激情四溢是迪斯科的写照；音响强劲、集体共舞、狂欢豪饮是迪斯科的娱乐模式。以舞池为中心，DJ 及领舞为主持，带动全场气氛，让人们共同创造出热烈的氛围。

消费的群体，大多数以年轻人为主，他们主要是为了感受热烈气氛及抒发内心情感，以高度的兴奋刺激来消除精神上的疲劳，但他们的消费能力有限，所以对场所的装饰更重视灯光和音响的效果。图 2-63 所示为梦幻刺激的迪斯科舞厅。

（a） （b） （c） （d）

图2-63 迪斯科舞厅

点评：如图2-63所示，炫酷的灯光、夸张的造型、刺激的音乐，刺激荷尔蒙的释放。

4. 慢摇吧

“慢摇吧”是一种全新理念的酒吧，它有效地将潮流音乐与酒吧文化融为一体。

它根据人的娱乐心理需求设计出一套以音乐、灯光加美酒的模式，让人们逐渐达到亢奋的状态。开始时用较为明亮的灯光、节奏较慢的音乐，让人们心情放松，聊天饮酒，然后随着时间的推移，音乐节奏逐步加强，灯光逐步调暗，加上DJ及领舞者的鼓动，使人逐步达到兴奋的状态，然后随音乐起舞，找寻HIGH的感觉。在一些经营成功的慢摇吧，你可看到千姿百态的舞姿，甚至像在做体操。人们早起在公园中做晨操，为的是锻炼身体；而在慢摇吧内看到的则是晚操，在“闻乐起舞”的同时，达到运动身体、放松心情的目的。慢摇吧之所以会流行，是因为其音乐前卫而反叛，风格迎合当地音乐文化及现代人生存心理，而且时尚、刺激、有情调、氛围好。

1）消费群体

通常到慢摇吧消费的客人主要是时尚的白领阶层、年轻的老板们，他们都带着晚归的心态，在热闹的气氛中放松心情。图 2-64 所示是慢摇吧 DJ 台，图 2-65 所示是升降舞台，图 2-66 所示是慢摇吧包间，图 2-67 所示是慢摇吧 LED 屏幕。

图2-64　慢摇吧DJ台

点评：如图2-64所示的慢摇吧DJ台是万众瞩目的视觉中心。

图2-65　升降舞台

点评：如图2-65所示，DJ台和舞台是慢摇吧内最激动人心的所在。

（a）

（b）

图2-66 包间

点评：图2-66所示包间里的景致风情万种。

图2-67 LED屏幕

图2-67　LED屏幕（续）

点评：如图2-67所示，LED和激光三维图像的使用可进一步点燃顾客的激情。

2）慢摇吧与迪斯科的区别

首先，慢摇吧音乐节奏的循序渐进，让人们有一个从平静到兴奋的心理过程。其次，由于慢摇吧的定位比迪斯科要高，因此客源的素质及消费相对也比迪斯科要高。虽然都是在同一节拍下，但人们各自展示不同的舞姿，不一定只是在舞池，就在座位边也跟着节拍起舞。

3）慢摇吧的三大要素

（1）视听效果与音乐风格。

（2）品牌酒水与热情吧女。

（3）暧昧环境与适度放纵。

4）慢摇吧的分类

（1）典型慢摇吧，音乐与整个酒吧融为一体，客人可以在座位附近跳舞。

（2）设置小舞台（池）并带有表演、领舞类。客人可以边喝酒边欣赏，也可以随时参与各种活动。

（3）座位区与舞区相互独立的互动模式，静中有动，动中可静。客人可随时跳舞，也可静静地在一旁喝酒聊天。

5）慢摇吧音乐风格

慢摇吧的音乐风格是多样化、风格化的，随意性比较强，在曲调间隙留给他人以想象的空间，注重现场气氛的释放。以HIP-HOP、HOUSE、R&B为主，其间也有串烧DISCO出现。慢摇吧的灵魂是现场DJ，最吸引人的音乐是欲擒故纵的风格音乐，完全由DJ制造气氛。

6）慢摇吧区域划分

（1）喝酒区域。这是一个静中有“动”的区域，此区域应让客人坐着喝酒听音乐是一种享受，此区域对声音要求是耐听（不躁、不烦、不闷），音乐节奏及声压能吸引喝酒的客人有跳舞的冲动。

（2）跳舞区域。进入舞区的客人需要的是一种听觉与触觉享受，主扩声集中在这个区域，因此这个区域的声音要求能完全满足慢摇风格，并接近DISCO需求。电子类的HUOSE音乐扩声后的声音效果应浑厚、弹性十足，节奏强烈、层次分明。在经营的某种特殊要求下，可以将扩声转变成DISCO风格，将低频频点及声压改变，使声音达到凶猛、硬朗及力度十足的

DISCO 风格要求。

7）慢摇吧视听（灯光音响）风格

灯光效果以 LED、光纤等为背景基础光，以电脑灯、换色灯及部分电脑效果灯为主光，色彩鲜而不耀，华丽而不夸张，配合慢摇音乐风格节奏同步设定。

慢摇吧的声音重现要求高，而且有独特的风格，以满足消费群体的听觉特性。高中低频段层次清晰分明，扩声均匀，中高不刺，温暖柔和。低频富有弹性和丰满度，深沉且力度适中。

5. 演绎吧

在酒吧中兼带有两三人的小型表演，使歌手与客人打成一片。听歌、饮酒、娱乐同时进行，这类酒吧称之为演绎吧。消费者主要以朋友聚会饮酒、情侣约会为主。如图 2-68 所示，静谧的空间环境，不夸张、不烦乱。

（a）

（b）

图2-68 演绎吧

点评：如图2-68所示，在演绎吧中可以不张扬、不躁动，或亲切或温馨地演绎情怀。

6. KTV

以唱歌为主的娱乐，对唱歌的音响要求较高。它一般按小时算房租，酒类小吃可在场内超市平价采购，免费或平价提供餐点，消费相对较实惠。

1）消费群体

消费客源以白领工薪族以及家庭、同学聚会或生日 PARTY 为主，装饰讲究干净、实用、灯光明亮。

如图 2-69 所示，等候大厅通常要和接待台统一设计，给顾客以深刻的心理暗示和强烈的预期。

（a）

（b）

图2-69　KTV等候大厅和接待台统一

点评：图2-69所示入口处的等候大厅使顾客产生第一印象

如图 2-70 所示，包房的入口与走廊墙面既有区别也有联系。如图 2-71 所示，包房内部的视线设计和家具、设备的安排要统一。

图 2-72 所示为特殊造型的服务台。如图 2-73 所示，楼梯墙面的造型设计及地面的灯光设计起到引导作用，体现设计的细节。如图 2-74 所示，走廊墙面分区域采用不同的造型表现形式，镜面材质的应用使空间更加灵活多样。

（a）

（b）

（c）

图2-70　包房的入口和走廊墙面设计

点评：如图2-70所示，包房的门口经过特别设计，便于识别。

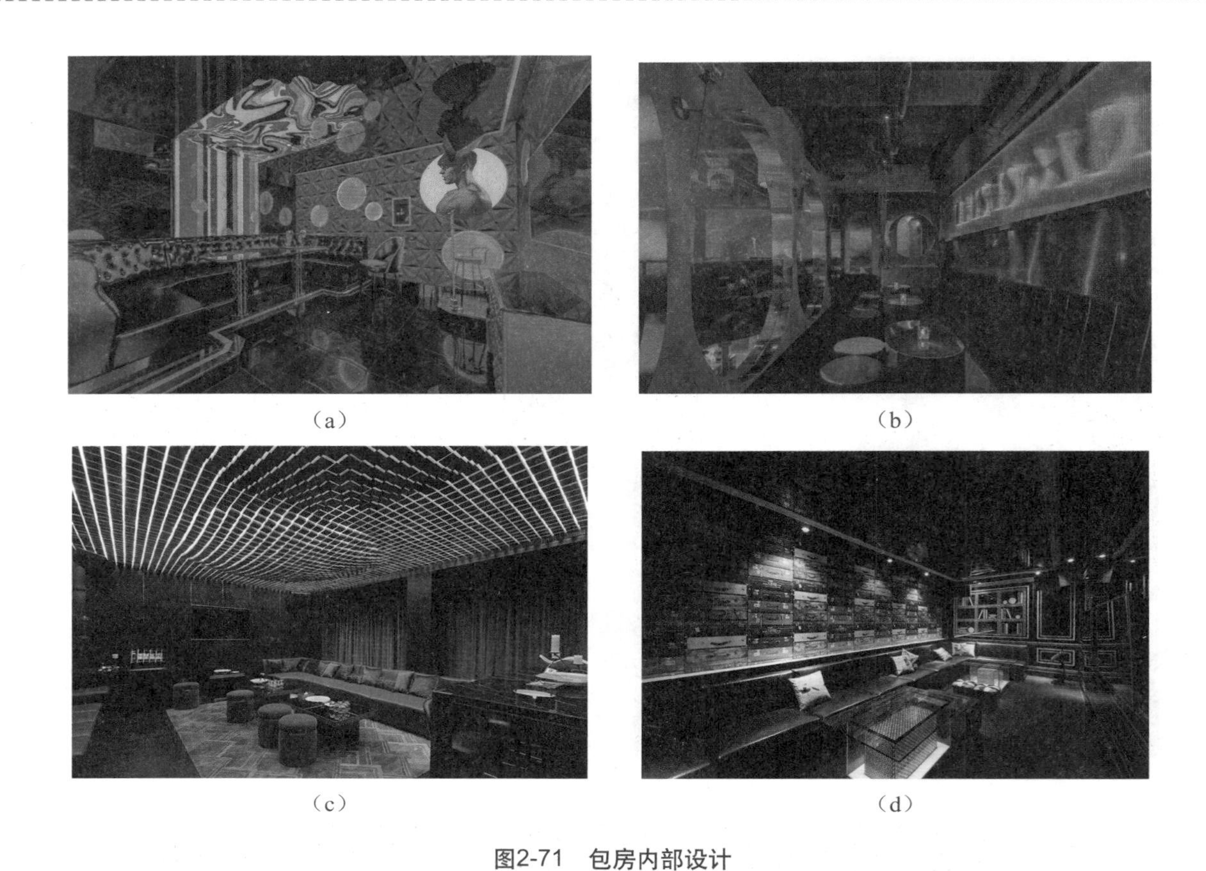
（a）（b）（c）（d）

图2-71　包房内部设计

点评：图2-71所示包房内部各有千秋，服务更细致，功能更完善。

（a）（b）

图2-72　特殊造型的服务台

点评：如图2-72所示，服务台的造型成为空间中的亮点和焦点。

（a）

（b）

图2-73　楼梯墙面和地面设计

点评：如图2-73所示，闪烁迷离的环境里，垂直交通的地面照明尤显重要。

（a）

（b）

图2-74　走廊墙面分区域设计

（c）

图2-74　走廊墙面分区域设计（续）

点评：如图2-74所示，水平交通的通道设计占有较大视觉比重。

如图 2-75 所示，走道尽头和拐角部位需要重点装饰，可以指引前进方向，增强识别性。

（a）

（b）

（c）

图2-75　走道尽头和拐角设计

点评：图2-75所示墙面装饰具有娱乐特征。

如图 2-76 所示，装饰品要照顾到顾客的较高级审美需求。图 2-77 体现了量贩 KTV 干净、整洁的特点。

（a）

（b）

图2-76 装饰品设计

点评：如图2-76所示，局部的艺术装置增强趣味性。

图2-77 量贩KTV的走廊设计

点评：如图2-77所示，量贩KTV的顾客群体比较广，有时走廊会更经济些。

如图 2-78 所示，包房里的家具要与大厅有所区分，要照顾到顾客更细腻的心理感受。

图2-78　包房的家具设计

点评：如图2-78所示的透明茶几可增强顾客在包房内的尊贵感。

如图 2-79 所示，包间的各式曲线造型丰富多样，体现音乐空间特点。

（a）

（b）

图2-79　包间的曲线

（c）

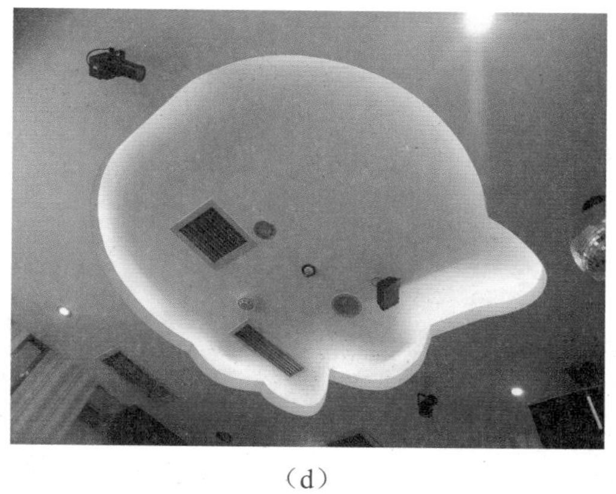

（d）

图2-79　包间的曲线（续）

点评：如图2-79所示，包间的装饰应根据顾客群体而变化。

如图 2-80 所示，彩色霓虹灯勾勒出甜品形态，提升空间的娱乐指数。

图2-80　彩色霓虹灯的应用

点评：如图2-80所示，鲜亮变化的色彩有助于营造欢乐的氛围。

如图 2-81 所示，墙面材质的运用，使空间更具层次感。

（a）

（b）

（c）

图2-81　墙面材质的运用

点评：图2-81所示墙面装饰避免平面化。

如图 2-82 所示，包房、走廊中体现必要的音乐主题。

2）量贩式 KTV 与普通 KTV 差异对照

（1）量贩式 KTV。

营业时间：基本上 24 小时营业。

基本情况：装修舒适，音响效果一流。

（a）

（b）

（c）

图2-82　包房、走廊体现音乐主题

点评：图2-82所示空间装饰中音乐元素必不可少。

计费方式：采用小时和分钟计费。

价格方面：包厢按时段计费，不同时段价格差异明显，非节假日和白天的价格非常之优惠。

最低消费：不设最低消费和人头费。

服务方式：包厢不设专职服务员，采用自助服务。

酒水供应：附设便利超市，酒水小点几乎平价供应。

营业规模：规模化经营，一般拥有几十个甚至上百个大小包厢。

服务对象：消费人员涵盖商务消费人群和普通消费者。

附加服务：多数提供免费餐饮等附加服务，中餐和晚餐可一并在内解决。

其他方面：突显安全、健康和自助式的时尚概念。

（2）普通 KTV 。

营业时间：一般只有晚上营业，营业时间不超过次日 2 时。

基本情况：良莠不齐，好坏均有可能。

计费方式：价格与消费时间长短无关。

价格方面：按包厢大小计费，价格一般固定。

最低消费：设有最低消费和人头费。
服务方式：包厢设有专职的服务人员。
酒水供应：不设超市，酒水小点价格高昂。
营业规模：包厢数量多少不定。
服务对象：多为商务消费人群。
附加服务：不提供免费餐饮等附加服务。
其他方面：没有安全、健康和自助式的概念。

2.5 休闲空间设计

2.5.1 桑拿洗浴中心的设计

桑拿（Sauna）又称芬兰浴，是指在封闭的小房间内用加热的湿空气对人体进行理疗的过程。通常桑拿室内温度可以达到90℃以上。桑拿起源于芬兰，有2000年以上的历史。利用对全身反复干蒸冲洗的冷热刺激，使血管反复扩张及收缩，能增强血管弹性、预防血管硬化。对关节炎、腰背肌肉疼痛、支气管炎、神经衰弱等都有一定保健功效。

以桑拿洗浴为代表的服务业在中国迅猛发展，并逐渐成为一种新兴产业，洗桑拿逐渐成为都市人缓解精神压力的一种有效方式。

1. 桑拿洗浴的分类

桑拿发展至今已有泰式、韩式、港式、日式、中式等多种方式。桑拿房分为酒店类VIP房、商用桑拿房、美容桑拿房、常用桑拿房等类型。桑拿方式包括干蒸和湿蒸两种。桑拿房根据规模大小一般有1人型至18人型等多种规格。

干蒸是一种高温、低湿度的沐浴方式，主要是通过电子抽湿、撒药，用经特殊工艺精制过的桑拿木板（白松木、桦木）做房体，以金属炉体通过电热丝将覆盖在炉体上面的特殊专用矿石加热，使其散发出各种对人体有利的矿物质元素，房内的高温促使人体排出多余的油脂、毒素，使用后使人减肥排毒，身心舒畅。

湿蒸是一种低温、高湿度的沐浴方式，房体是由一种对人体无毒、无害的生物复合材料制成，俗称“亚克力板材”，学名“聚甲基丙烯酸甲酯”。主要采用水蒸气设备进行加温、加湿，使用后能使人松弛神经、减肥美容。

完善的洗浴区除配有干蒸、湿蒸房外，还应配有热水、温水、冰水三种不同水温的水力按摩浴池。桑拿洗浴中心一般设有接待大厅、更衣室、洗浴区、淋浴区、休息大厅、按摩房、美容美发、健身房等功能区域，不同功能区空间设计应有各自的特点。

2. 桑拿洗浴的注意事项

（1）接待大厅的设计应艺术性强，体现休闲性特点；休息大厅的设计应温馨、雅致，光线柔和。

（2）按摩房的设计应体现多样化的风格，每个房间不能千篇一律，要每次给客人以不同的心理感受。

（3）更衣室应根据规模大小设置有足够的更衣柜，每个更衣柜应设置有存衣处和存鞋处两个部分；淋浴房各间应相互隔离，并配有冷热双喷头及浴帘。

（4）按摩房、休息大厅地面及墙面可以分别选用地毯或木地板等软性地面装饰材料和墙纸等艺术性墙面装饰材料。桑拿洗浴区地面材料适合满铺并经过防滑处理的大理石、花岗岩或地砖，因为湿气大，墙面也应以防潮的石材和墙砖为主要装修材料。

（5）桑拿洗浴区因湿度大，吊顶适宜采用防腐、防潮的装饰材料，如铝合金扣板、轻钢龙骨硅钙板、经过特殊工艺处理的板材等，纸面石膏板和普通木饰面材料，因为怕潮，不适合用在洗浴区，但可用于接待和休息大厅、按摩房等。

（6）桑拿浴室的灯光应柔和。水池区顶部照明宜采用防水型节能筒灯，防护等级为IPX4，干蒸房、湿蒸房属高温潮湿场所，防护等级应达到IPX5。线路应采用阻燃型聚氯乙烯绝缘电线，穿金属管顶棚内铺设。

（7）在封闭楼梯间前室、电梯前室、疏散走道、休息大厅及水池区均应设置火灾事故应急照明；在疏散走道及主要疏散路线，设置发光疏散指示标志，走道指示标志间距不大于20m。

（8）桑拿浴室的通风装置非常重要，其好坏直接关系到桑拿的效果甚至顾客的生命安全，因此，桑拿浴室的空调系统必须完善，运转正常，以确保浴室内始终处于正常的温度与湿度。

图2-83所示为某洗浴中心一层平面布置规划方案，图2-84所示为某洗浴中心二层平面布置规划方案，图2-85所示为某洗浴中心三层平面布置规划方案，图2-86所示为某洗浴中心内部空间装饰效果。

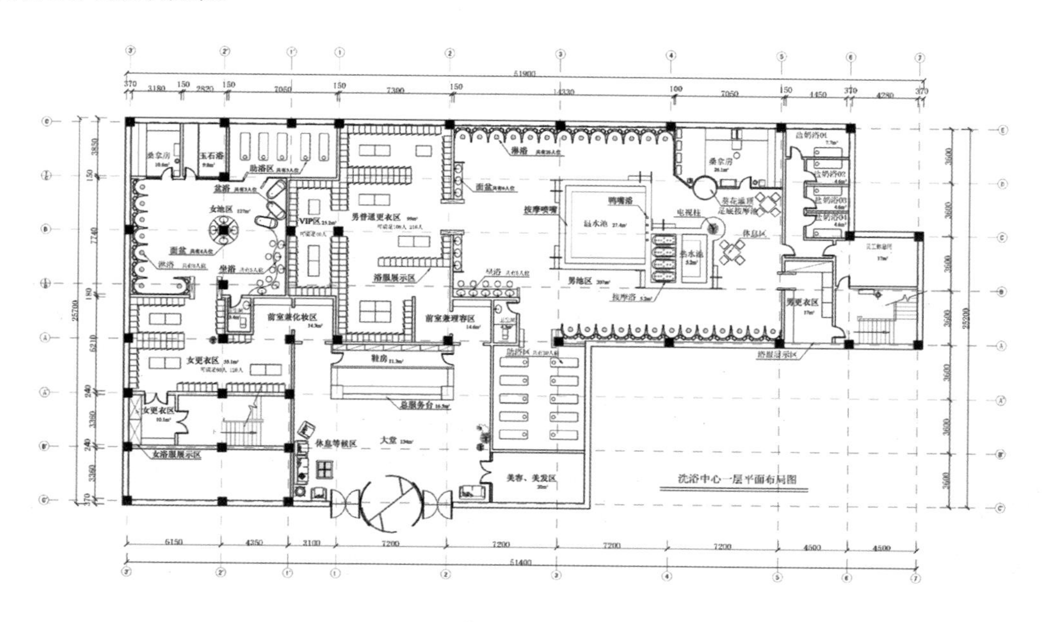

图2-83　洗浴中心一层平面规划

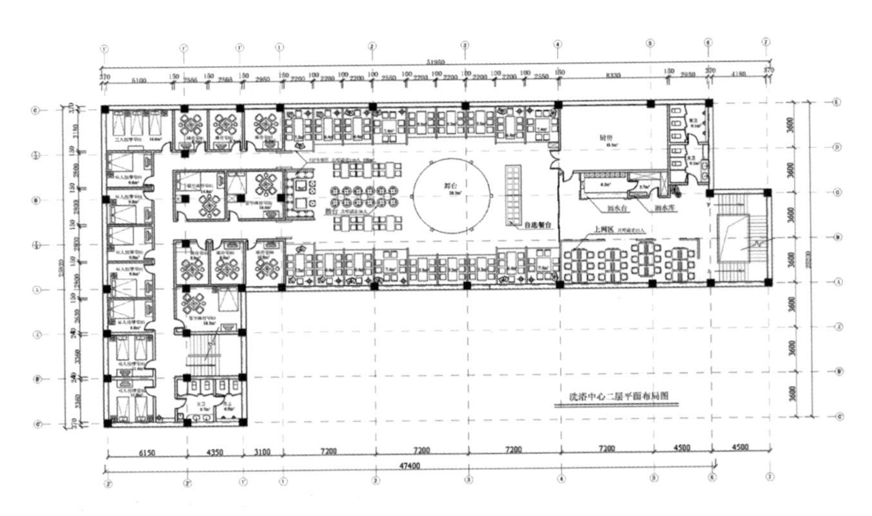

图2-84　洗浴中心二层平面规划

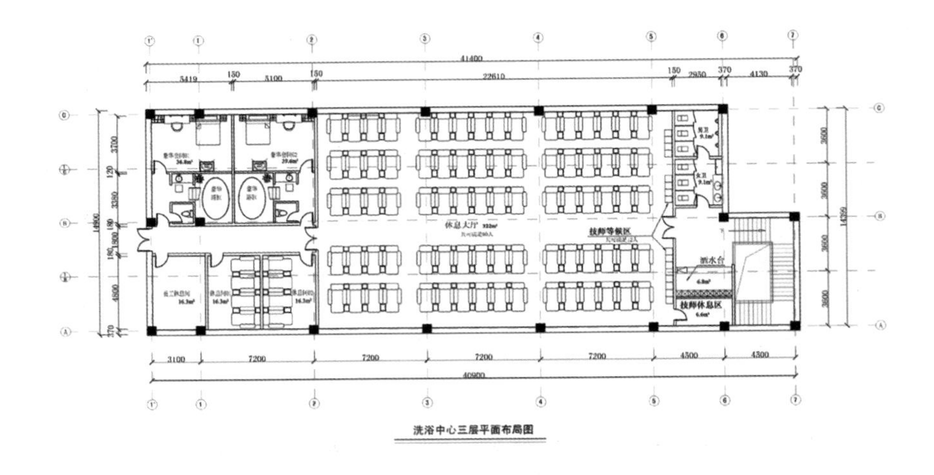

图2-85　洗浴中心三层平面规划

（a）

（b）

图2-86　洗浴中心的内部空间装饰效果

2.5.2 美发、美容场所的设计

美发、美容主要以人的形象设计为主要内容，通常有美发店、美容院、美容美发厅等不同类型的经营模式，满足不同顾客的需要。

1. 美发店

美发店主要以剪发、洗发、染发、烫发等为主要服务功能，主要功能分区有理发区、洗发区、烫染区、休息等候区、收银区、洗手间等。美发店的设计要点主要有以下几点。

（1）美发店的设计在风格上多追求个性与另类，如天花板的设计，故意露出水管、电线，并装上艺术感较强的灯饰，以体现裸露的粗犷风格，既体现效果，又节约成本，如图 2-87 所示。

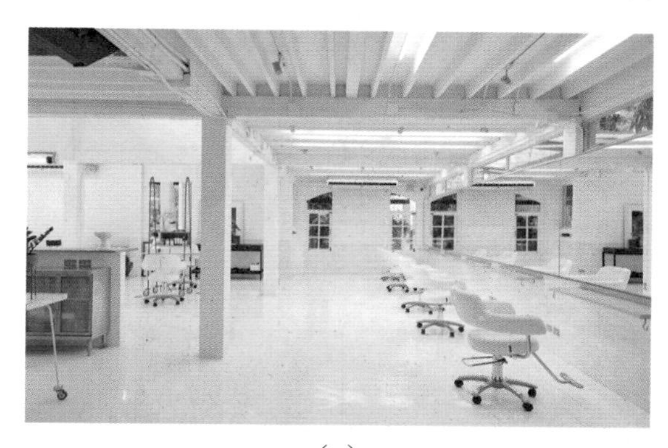

（a）

（b）

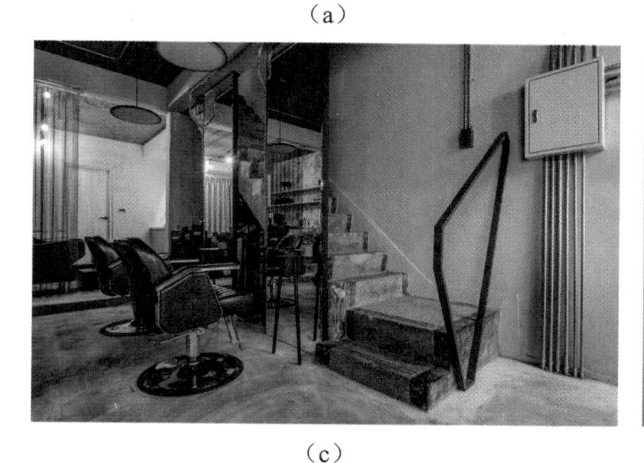

（c）

（d）

图2-87　美发店的设计

点评：如图2-87所示，裸露的管线也可以成为装饰的一部分。

（2）用充满生机的绿色植物点缀空间，营造清新、幽雅的环境氛围，是美发店常用的设计手法。

（3）理发区是美发店装饰、装修的重中之重，在保证干净整洁的基础上，可以利用镜子、理发工作台等独特的设计来增添特色，打破传统的四方形设计手法，个性化的镜形和镜子四周的墙壁设计及理发工作台设计可以让顾客留下深刻的印象。如图 2-88 所示，这体现了美发店不同风格的装饰效果。

（4）在电气线路设计方面应特别注意满足烫发、染发、吹发等多插座的需要。

（a） （b）

（c） （d）

图2-88 不同风格的美发店

2. 美容院

随着人们生活水平的提高，美容院在今天日趋普遍。美容院主要以美容、美体为主要功能，主要功能区有接待及收银台、休息等候区、美容室、美体室、淋浴房、洗手间等。美容店的设计要点有以下几点。

（1）美容院的设计应特别注意氛围、情调的营造，在一个简单古朴的房间里做美容是没有什么感觉的。而柔和的灯光、精致的装修、个性化的陈设、轻柔的背景音乐能使顾客精神放松、心情愉悦。

（2）美容院的设计应特别注意色调的把握。很多美容院都把生意不好归结于管理、产品、服务和人气等原因。其实，美容院的色调感觉也会影响生意的成败。冷色调的氛围会令人压抑，使顾客在心理上产生抗拒感，必然不会成为长期忠实的顾客。暖色调令人平和舒缓，但如过多使用暖色中明度和纯度较高的色彩，也会使顾客产生不适感。暖色中的浅色调，如粉红、粉橙、粉绿、粉蓝等粉色调系列，能使人感到亲切和温馨，比较适合美容院的环境。

（3）美容院除前台或咨询厅光线宜充足外，美容、美体区光线应柔和，以间接照明为主，少用或不用直接照明，不能给顾客有刺眼的感觉。

（4）美容、美体属于个体服务，可以灵活运用隔断或屏风、垂帘，尽量为顾客创造相对私密的空间。

图 2-89 展示了美容院不同风格装饰效果。

（a）

（b）

（c）

（d）

图2-89　不同风格的美容院

点评：如图2-89所示的各种类型的美容院各有千秋。

本章小结

商业空间设计的五种类型空间是商业空间中的重要组成部分，对于我们学习商业空间设计具有重要的意义。商业空间的不断发展，推动着商业空间设计的不断进步与发展，促使我们在学习商业空间设计的基础内容上，要不断地汲取并更新设计理念、设计手法，以推动商业空间设计的发展。

1．商业卖场的分类及特点是什么？
2．商业卖场家具布置形式都有哪些？
3．酒店可分为哪四种类型？
4．概括描述星级酒店的划分标准。
5．酒店空间设计的原则有哪些？
6．餐饮空间按功能划分，通常分为哪三类空间？
7．餐饮空间构思与创意有哪五种途径？
8．娱乐空间设计可以分为哪几个类型？
9．简述普通 KTV 与量贩 KTV 的区别。
10．桑拿洗浴中心一般设有哪些功能区域？
11．美发店主要提供哪些服务功能？

内容：300m^2临街店面，上下两层，可做餐厅或酒吧，学生可任选其一进行设计。构思平面布置图，绘制平面图、天花图、立面图、效果图、节点图等。

要求：理念新颖，布局合理。效果图出图量：门头 1 ～ 2 张、前厅 1 张、大厅 2 ～ 4 张、包间 2 ～ 4 张。

第3章

商业空间设计的要求和程序

学习要点及目标

- 掌握商业空间的设计要求。
- 理解商业空间设计要求的重要性及商业空间设计的程序。

技能要求

训练手绘表达能力及熟练掌握专业制图软件（3D、CAD、VR、PS等），学习并了解商业空间设计的发展历程及商业空间的分类。

本章导读

在发展变化的商业空间设计中，设计师应遵循各方面功能要求。在学习商业空间设计的要求的基础上进一步学习商业空间的设计程序，通过设计前期阶段、方案设计阶段、施工图设计阶段、设计施工阶段一系列设计程序完成设计任务。为提高设计师的能力与素质，本章还介绍了设计师应具备的一些基本素质，希望有所帮助。

3.1 商业空间的设计要求

伴随着人们收入的增长和生活质量的提高以及时代科技的进步，人们对商业空间的设计提出了更高的要求，新的生活方式默默影响着人们对商业空间环境的固有观念。现代商业空间设计应依据购物环境、顾客需求的变化而不断发展。

3.1.1 注重空间功能性设计要求

要求商业空间的装饰装修、家具陈设、景观绿化等各方面最大限度地满足功能需求并使其与功能性协调统一，功能性应是设计师在设计中放在第一位考虑的。

3.1.2 注重经济性设计要求

经济性设计要求简要来说，就是用最低的能耗达到最佳的设计效果。设计作品时应多考虑如何减少能耗，物尽其用。例如，尽量利用当地气候和通风条件，减少空调能耗；和建筑师共同探讨采光模式，减低照明能耗；在节能方面更多地考虑耐用性和可靠性，降低维护成本等。以期通过这些方案，让空间作品的生命力得以延长，并尽可能为环保作出贡献。

3.1.3 注重美观性设计要求

对美的追求是人的天性，但美的概念是随时空变化的。在商业空间设计中，一方面要突出商业空间设计的特点，另一方面要强调设计在文化和社会方面的使命及责任，设计师要把握好两者之间的平衡点。

3.1.4 注重个性化设计要求

不同时期的文化品位和地域特色是商业空间环境设计以及所有设计范畴永恒的主题。商业空间环境设计也应以此为目标，并要具有独特的个性风格，才可保持设计的永久性和持续性。注重文化品位是传承和延续商业环境的基础，地域特色也是影响和造就经典设计的重要因素，设计中应予以强化。缺少个性的商业空间设计是没有生命力和艺术感染力的。在设计初始阶段，从开始构思到深化设计的过程中，奇妙的构思和大胆的创新会赋予商业空间设计勃勃生机。现代商业空间环境设计以满足商业空间环境的购物与心理需求为最高目的，在现有的物质条件下，在满足实用功能的同时，实现并创造出巨大的精神价值。

3.1.5 注重可持续发展要求

可持续发展是当今城市发展的主题，任何时期的经典设计和优秀的商业空间环境的塑造无一不遵循这一规律。创造一种符合现代城市发展理念的商业空间环境是人们所期望的。在商业空间环境设计中应反对急功近利的开发和建设，在可持续发展理念下进行设计，在注重经济性设计的同时，关注可持续发展。例如，在设计中尽量使用天然材料，减少二次加工污染等，以期造福我们赖以生存的空间环境。

3.2 商业空间的设计程序

商业空间设计包括设计前期阶段、方案设计阶段、施工图设计阶段和设计施工阶段四个阶段。

3.2.1 设计前期阶段

设计前期主要包括接受任务书（业主委托设计或招标办领取）、与业主交流、了解投资情况、现场勘察、市场调研、收集整理与分析设计资料、编写可行性分析报告等内容。

所谓“知己知彼，百战不殆”，在设计前期，首要的工作就是了解和调研同类商业空间项目的设计风格、空间布局、经营状况等信息，以便在设计中能扬长避短，突显自己的特色。其次通过了解市场的需求、受众的购物及消费心态等内容，把握设计的主旨并明确设计的目的和任务，明确需要做什么之后，进而明白怎样去做，才能胸有成竹，拿出优秀的设计方案。

最后要认真勘查现场和综合研究资料及法律法规等，避免设计与国家规范有所冲突，为今后的报建工作打好前期基础。

3.2.2 方案设计阶段

通过设计前期对项目的深入研究，在分析和整理各种要求、条件及制约因素等后，设计的定位已基本明确。下面开始进入商业空间设计的创作过程，将具体的内容和形式落实到具体的空间中。

1. 草图设计

草图设计是一种综合性的作业过程，也是把设计构思变为设计成果的第一步。设计师根据先前获悉的各种相关资料、数据，结合专业知识、经验，从中获取灵感，并通过创造性的思维形式对空间组织进行构思，对色彩设计进行比较，对装饰造型的细节进行推敲，这些都可以通过草图的形式进行。草图的绘制过程，实际上是设计师思考的过程，也是设计师从抽象的思考进入具体的图示的过程。

灵感一现的瞬间通过草图记录下一个好的构思或创意，并通过深入思考以草图形式加以深化、完善。图 3-1 所示为几种商业空间设计草图。

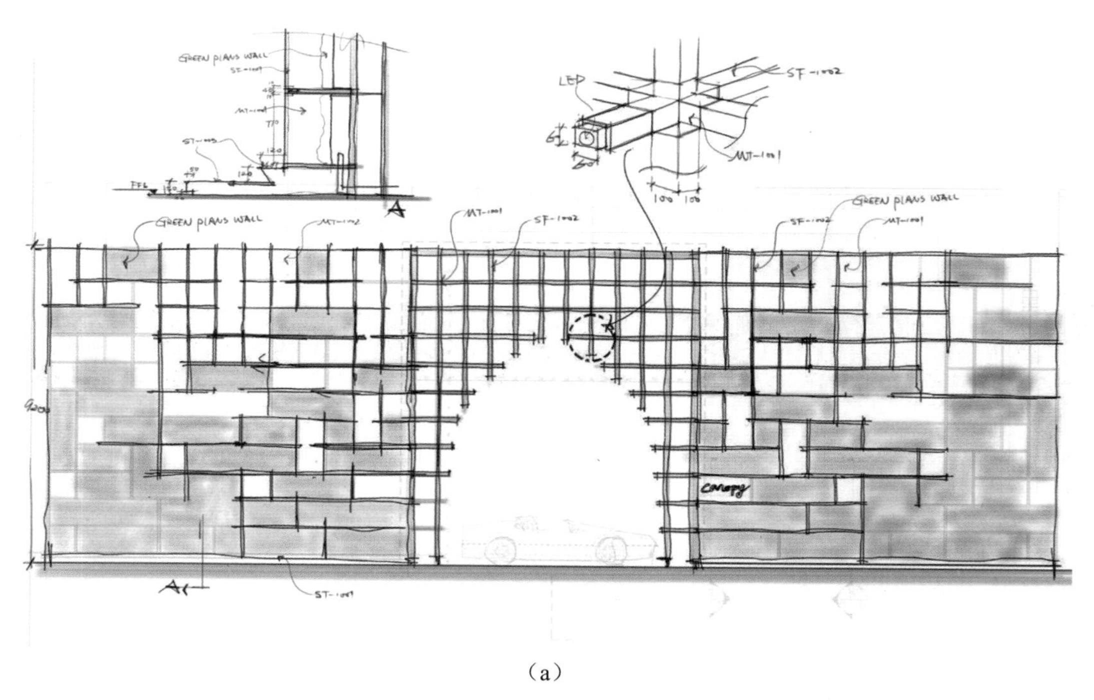

（a）

图3-1　商业空间设计草图

（b）

（c）

图3-1　商业空间设计草图（续一）

（d）

图3-1　商业空间设计草图（续二）

点评：如图3-1所示，设计草图往往最能表达设计者最初的设计意图和期望的最终效果。

2. 方案设计

方案设计阶段，是草图的进一步具体化和准确化并进行深入设计的过程，要对筛选的设计草图进行设计的深入开发。在这个阶段中，与委托方的沟通是必需的。设计师应当通过各种方式，完整地向委托方表达出自己的设计构思与意图，并征得对方的认可。如果在设计构思上与委托方存在分歧，则应力求达成共识，因为任何一个成功的设计，都是需要双方认可的。

1）意向图

意向图是指通过一些与创意要求相似的参考图片，作为前期的方案书，说明方案构思成果并向委托方传达设计的概念及表现成果。以期在与委托方沟通过程中，给委托方以直观的认识并助其深入理解方案设计的意图及创意点，便于设计师与委托方沟通方案设计意图。图3-2所示为某商业空间设计意向图。

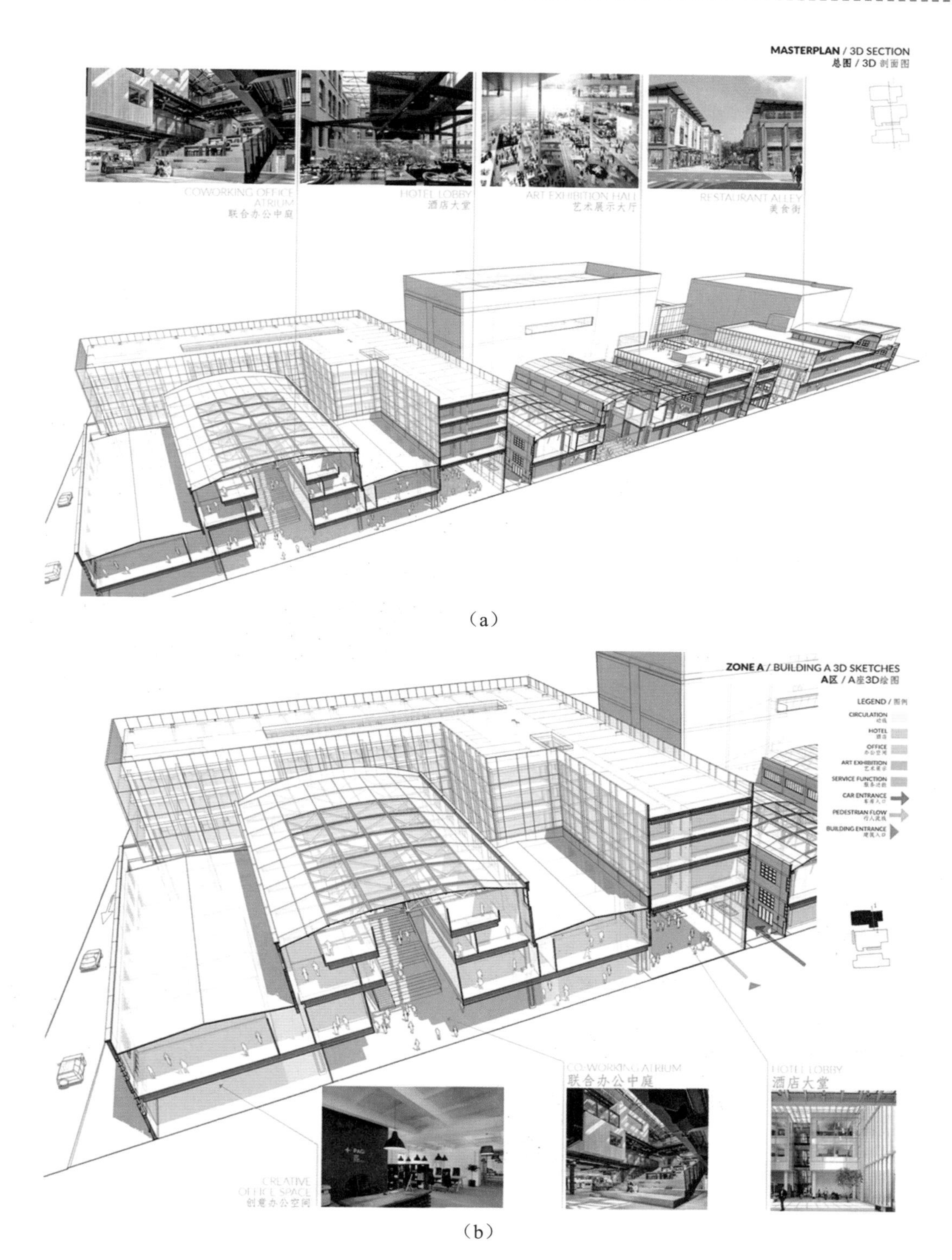

（a）

（b）

图3-2　商业空间设计意向图

点评：如图3-2所示，意向图可对空间中的局部做出图示化的说明。

2）设计模型

设计模型是依照设计物的形状和结构，按照比例制成的样品；是对设计物造型的实态检验。通过模型来分析设计物在功能上、结构上和使用上的合理性，容易获得较准确的坚定意见及更直观的效果表现。设计师必须具备制作模型的知识和技巧，以便自己动手或指导制作模型，并在制作过程中及时发现问题，通过修改获得满意的设计效果。

模型一般分为粗模型、外观模型、透明模型、剖面模型、测试模型及精细模型六类。图 3-3 所示为几种商业空间设计模型。

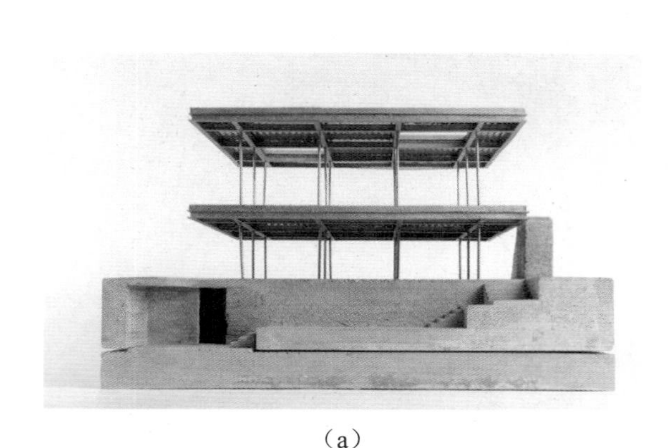

（a）

（b）

（c）

（d）

图3-3　商业空间设计模型

点评：如图 3-3 所示，空间模型的制作对于较复杂的空间表达来说十分有必要。

3）设计方案

方案设计图一般包括设计说明、目录、平面图、天花图、主要立面图、透视效果图、造价概算。方案设计图不能完全作为施工的依据，其作用只是便于明确地表达出所设计的商业空间的初步设计方案。

图 3-4 所示为面对一个较复杂项目时的一半工作过程；图 3-5 所示为针对确定方案细节要反复修改；图 3-6 所示为在方案初期常用的图示化表达；图 3-7 所示为在方案设计中适当的采用新技术；图 3-8 所示为商业街区的效果图；图 3-9 所示为样板间效果表现图；图 3-10 所示为方案阶段与施工完成后的对比。

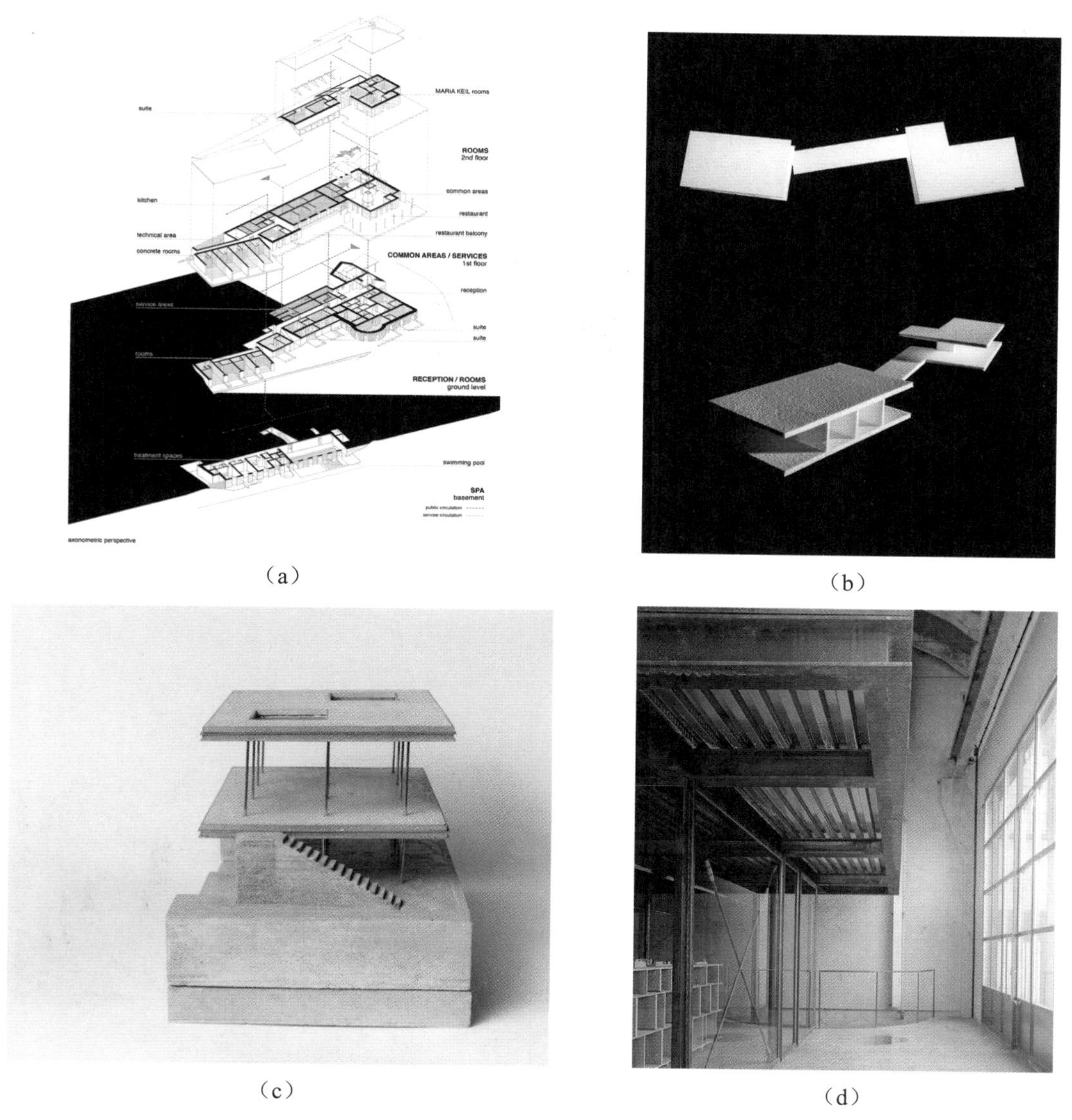

（a） （b）

（c） （d）

图3-4 复杂项目的部分过程

点评：如图3-4所示，这是从各层平面的功能分析到特殊技术方案选用、模型制作和现场效果的系列过程。

（a）　　　　　　　　　　　　（b）

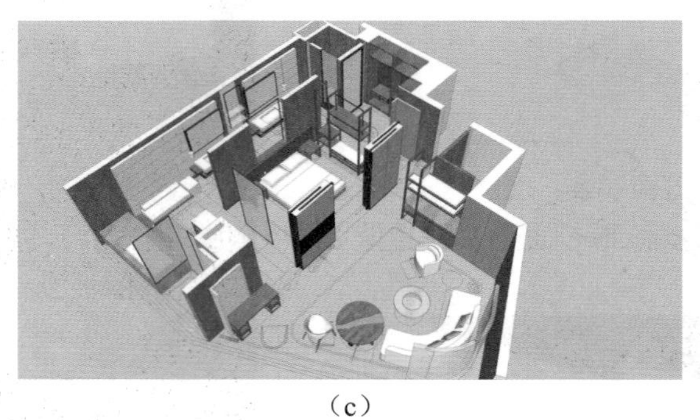

（c）

图3-5　确定方案细节要反复修改

点评：如图3-5所示，对方案细节的确定还需要进行多方面的反复推敲。

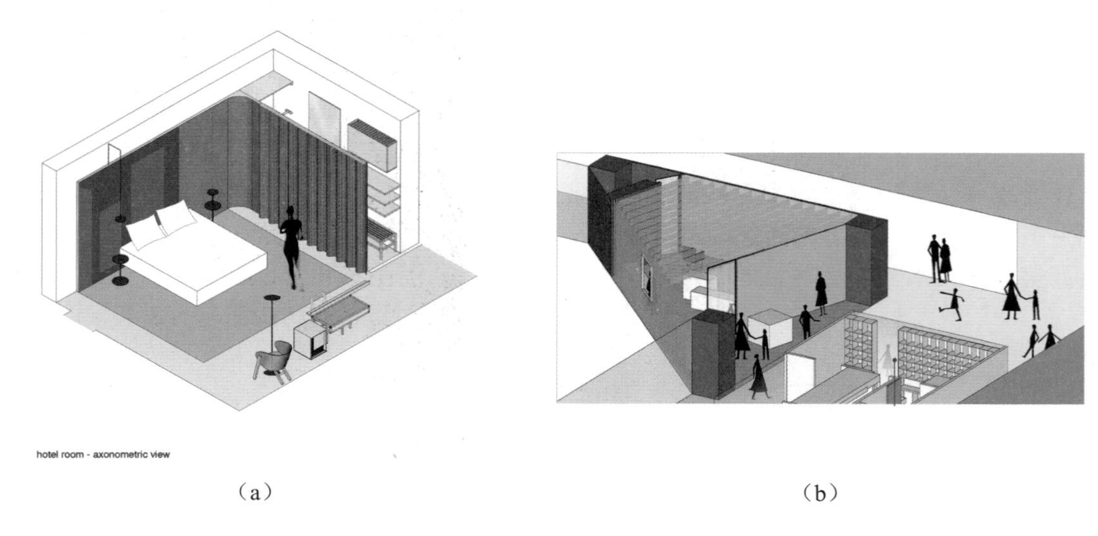

（a）　　　　　　　　　　　　（b）

图3-6　方案初期常用的图示化表达

点评：如图3-6所示，在创意类、文化类空间的表达上也可以采用抽象化的另类表达方法。

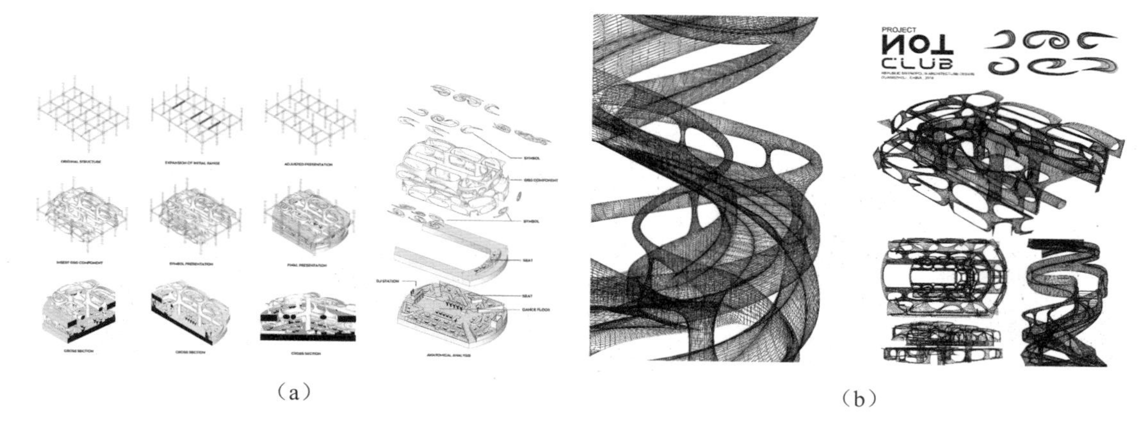

（a） （b）

图3-7 在方案设计中采用新技术

点评：如图3-7所示，参数化设计也逐步被应用到商业设计当中，为创造有吸引力的空间效果服务。

（a）

（b）

图3-8 商业街区效果图

点评：如图3-8所示，商业街区的夜景能较好体现商业特征和氛围。

（a）

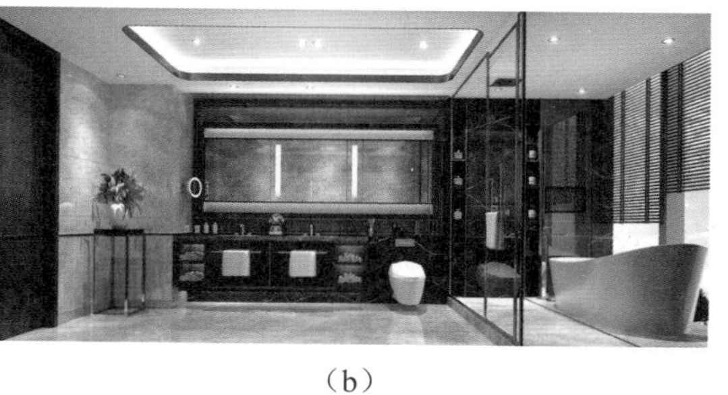

（b）

图3-9 样板间效果图

（c）

（d）

图3-9　样板间效果图（续）

点评：如图3-9所示，样板间向客户传达隐含的设计理念和展示未来可能的生活场景。

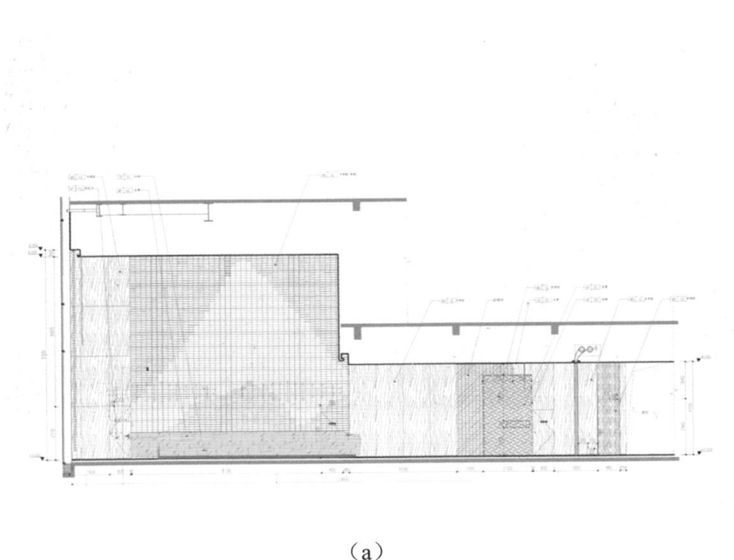

（a）

（b）

图3-10　方案与完成效果的对比

点评：如图3-10所示，要考虑到方案的可实施性和实现后的还原度。

3.2.3 施工图设计阶段

草图设计是构思阶段，方案设计是表现阶段，施工图设计是对所设计内容的标准、规范阶段。再好的构思、再美的表现都不能脱离标准和规范。

室内设计的施工图是室内设计实施阶段的技术性图纸。它要求以符合国家规范的方法绘制出室内设计各个部位的构造图纸。它也是设计师用技术的方法向施工者表达设计意图，规定制作方案的技术文件。

施工图设计最主要的是局部详图的绘制。局部详图是平面、立面或剖面图任何一部分的放大，主要用来表达平面、立面和剖面图中无法充分表达的细节部分，包括节点图和大样图，一般用较大的比例尺寸绘制。

图 3-11 所示为餐厅平面图；图 3-12 所示为餐厅地材图；图 3-13 所示为餐厅天花图；图 3-14 所示为客房平面、地材、天花图；图 3-15 所示为大堂立面图；图 3-16 所示为大堂立面图、效果图一；图 3-17 所示为大堂立面图、效果图二；图 3-18 所示为餐厅立面图、效果图；图 3-19 所示为客房立面图、效果图；图 3-20 所示为软装搭配（大堂、餐厅）；图 3-21 所示为软装搭配（客房、卫生间）；图 3-22 所示为售楼处的平面布置图；图 3-23 所示为酒吧平面图；图 3-24 所示为服饰店平面图；图 3-25 所示为展柜的平面、立面图；图 3-26 所示为展柜详图。

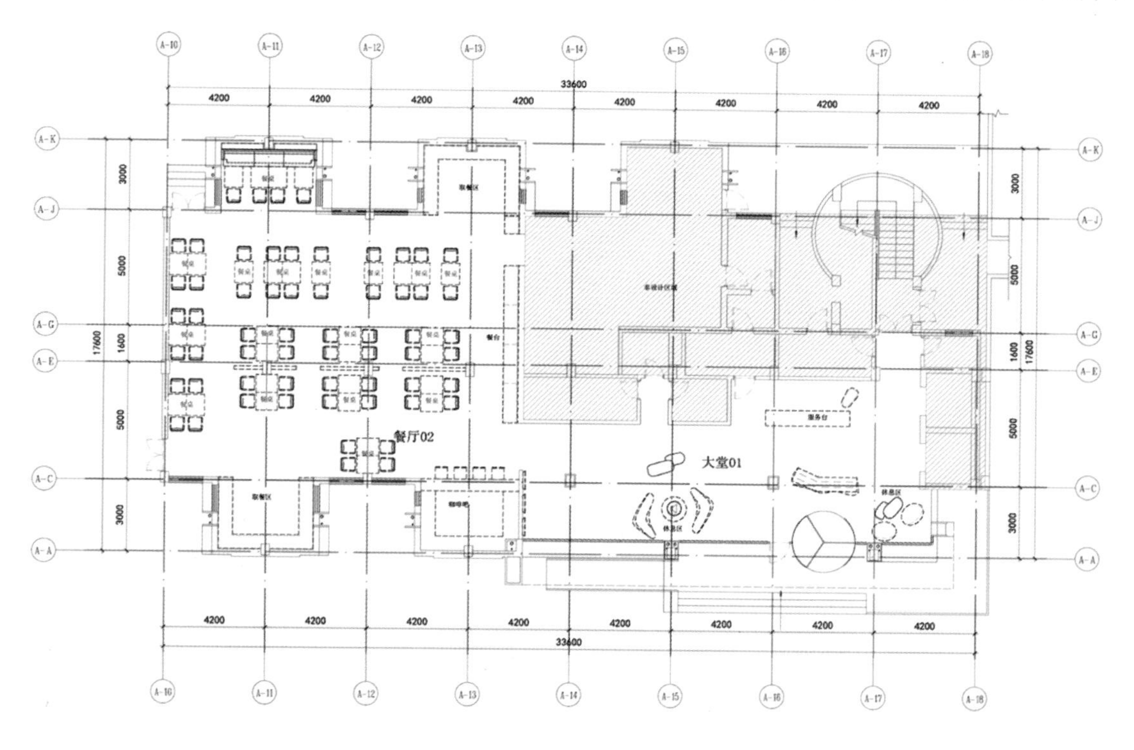

01 PLAN （平面布置图）
1F Scale 1:150

图3-11 餐厅平面图

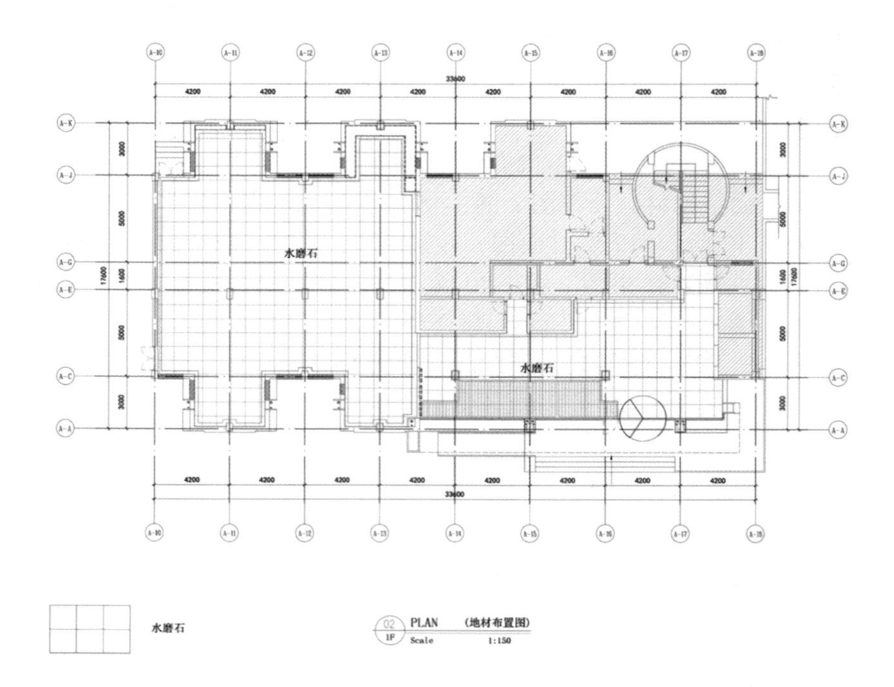

图3-12　餐厅地材图

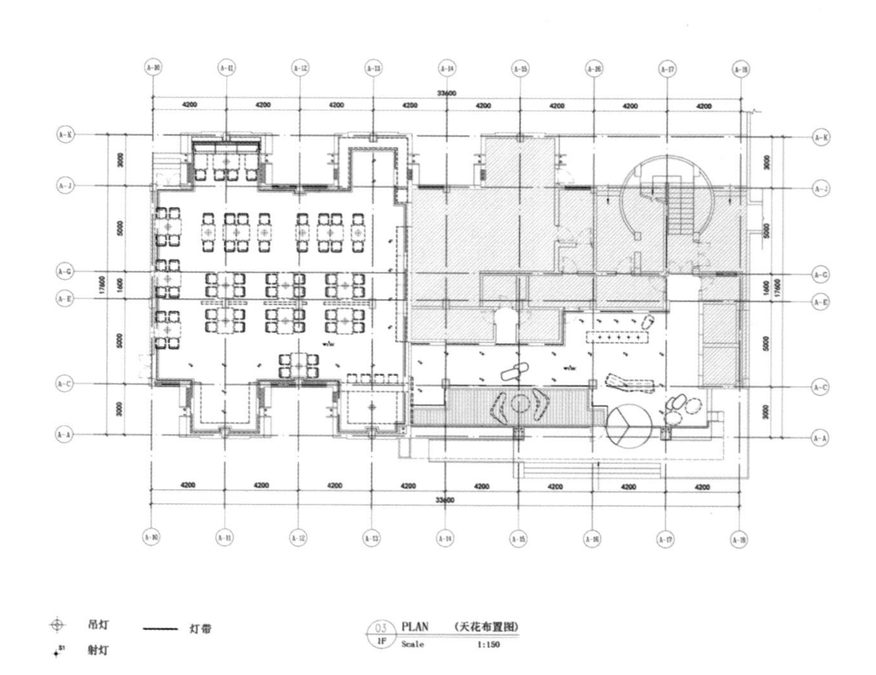

图3-13　餐厅天花图

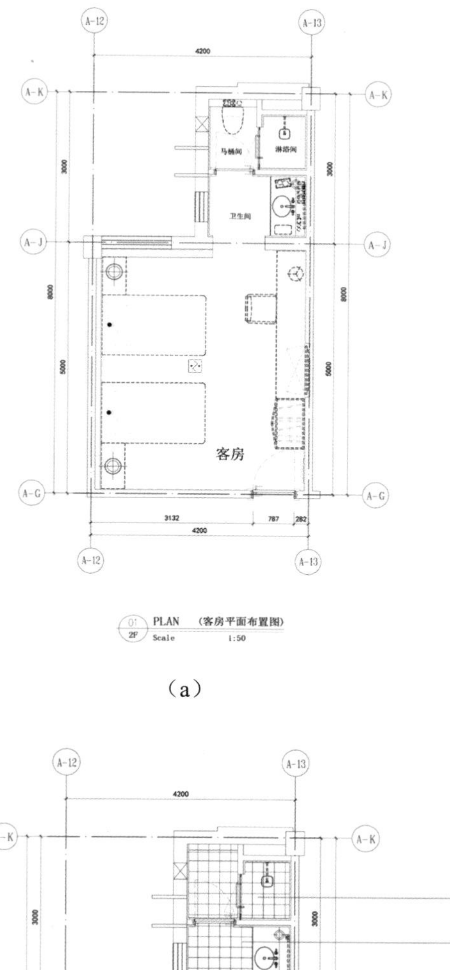

（a）

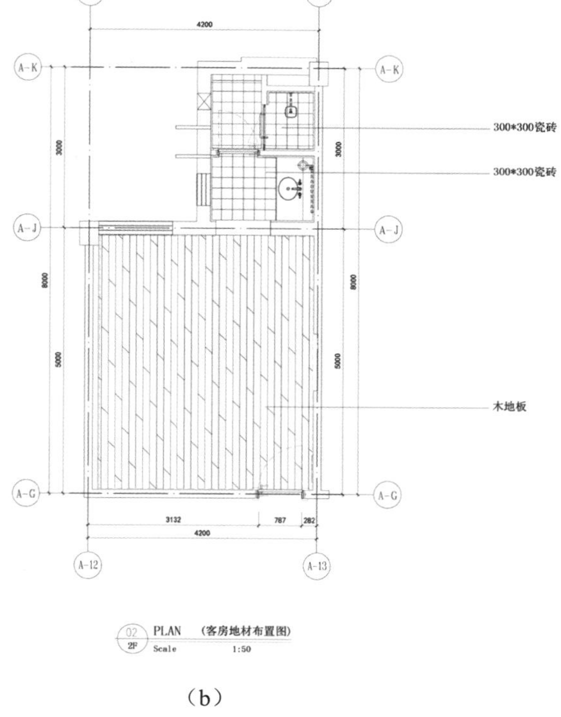

（b）

图3-14　客房平面、地材、天花图

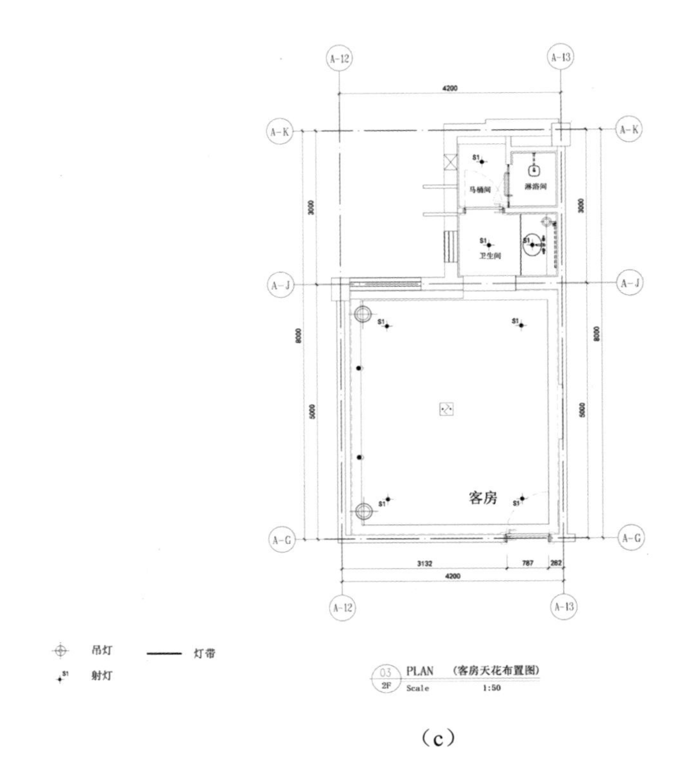

（c）

图3-14　客房平面、地材、天花图（续）

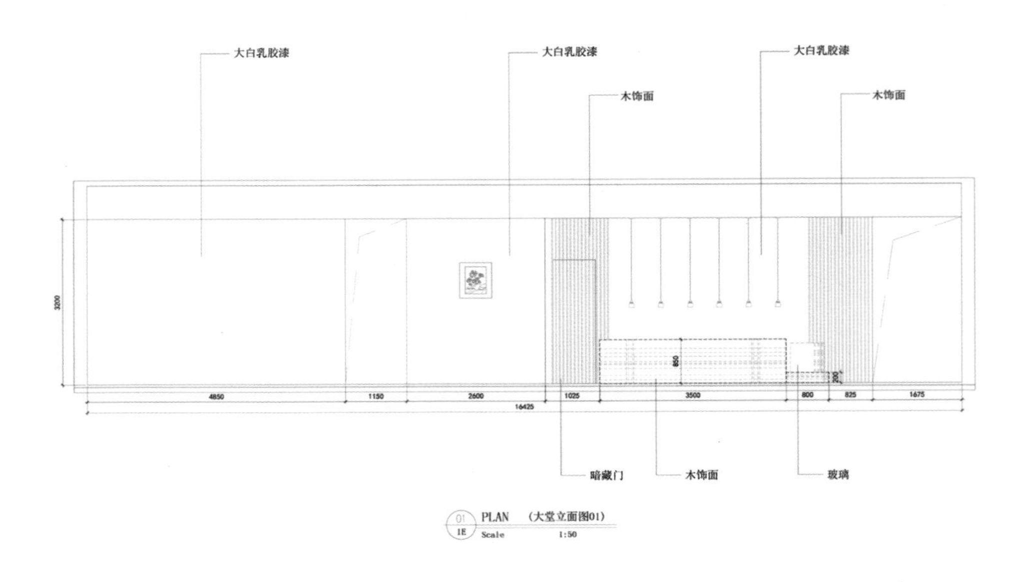

图3-15　大堂立面图

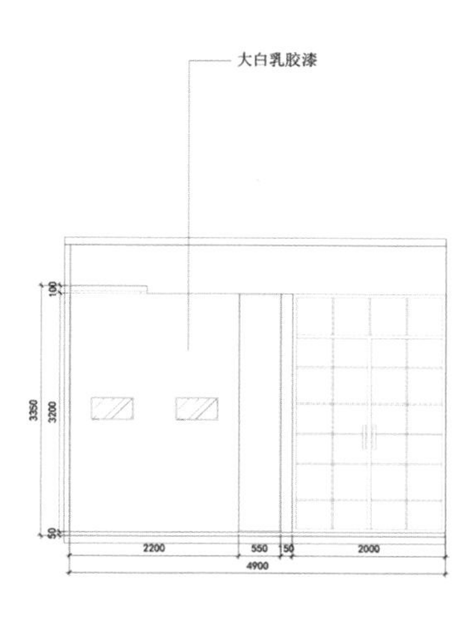

（a）

（b）

图3-16 大厅立面图、效果图一

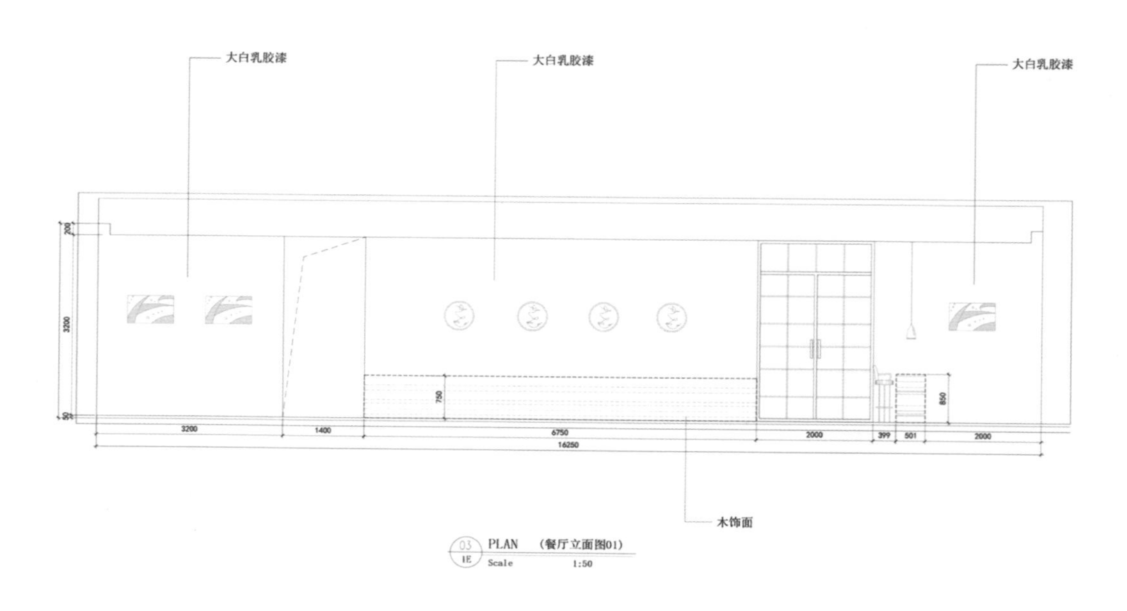

（a）

（b）

图3-17 大厅立面图、效果图二

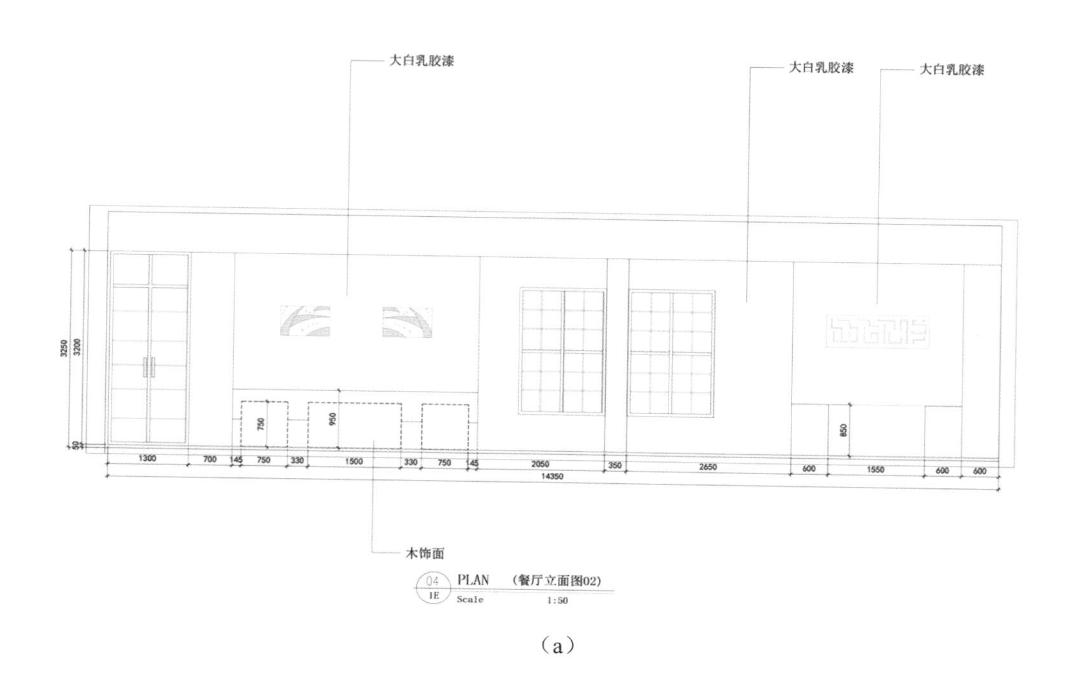

（a）

（b）

图3-18 餐厅立面图、效果图

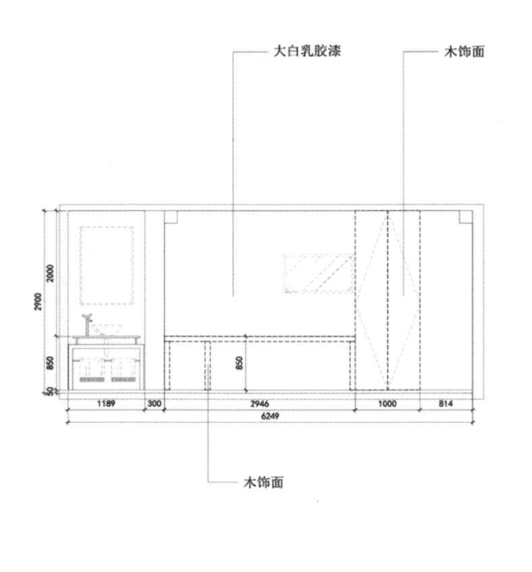

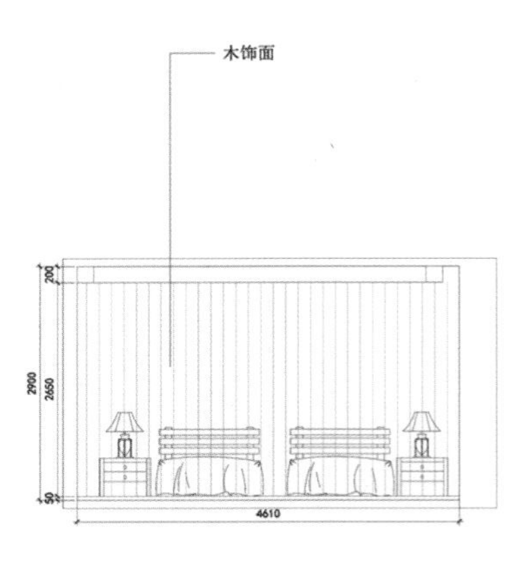

（a）

（b）

图3-19　客房立面图、效果图

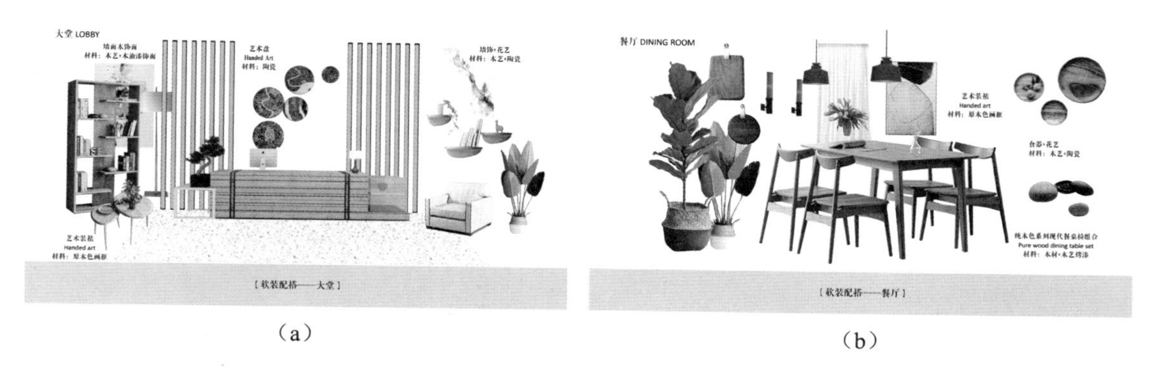

（a）　　　　（b）

图3-20　软装搭配（大堂、餐厅）

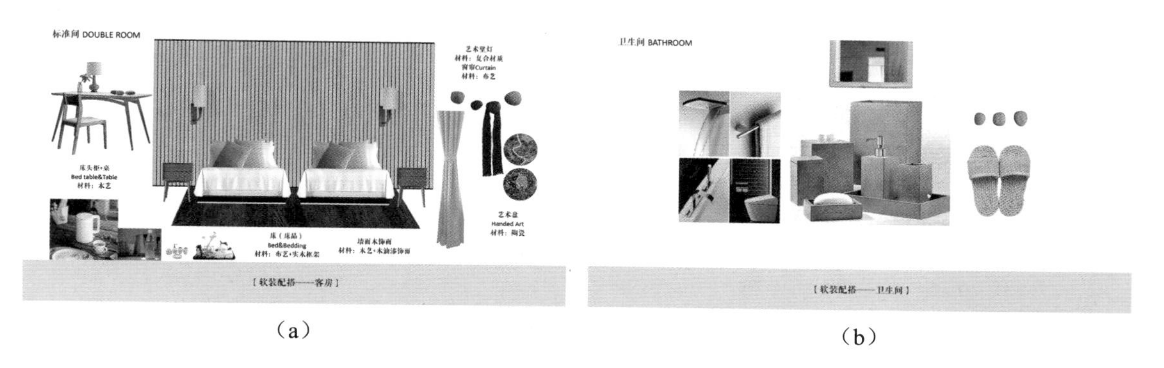

（a）　　　　（b）

图3-21　软装搭配（客房、卫生间）

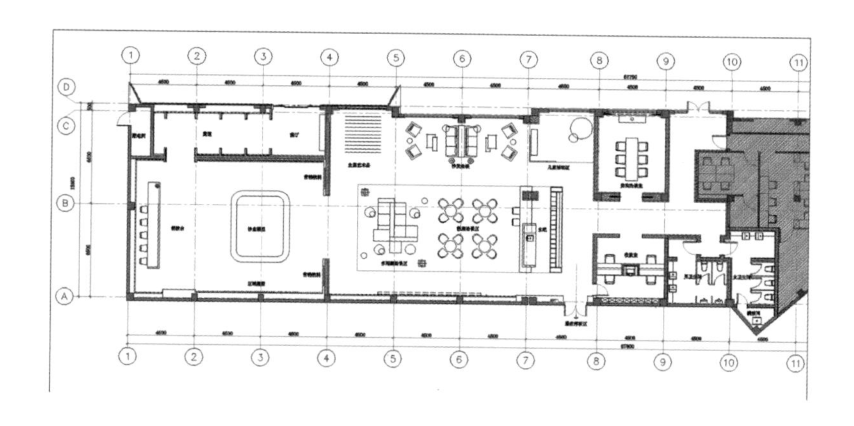

图3-22　售楼处的平面布置图

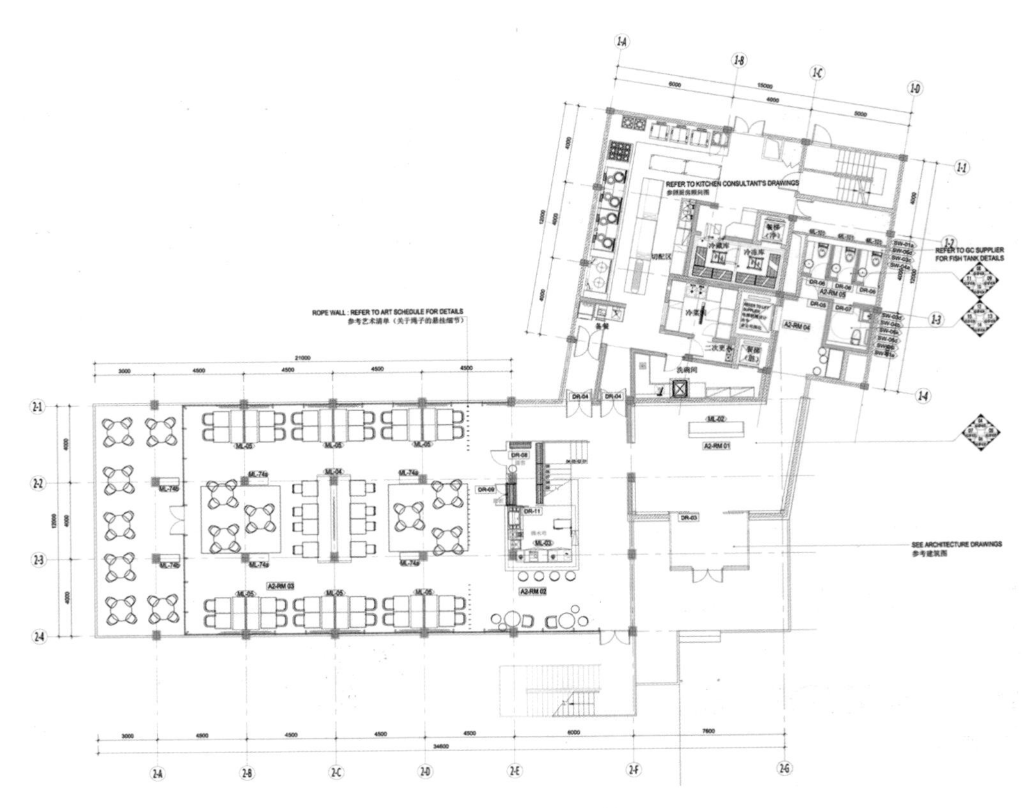

图3-23　酒吧平面图

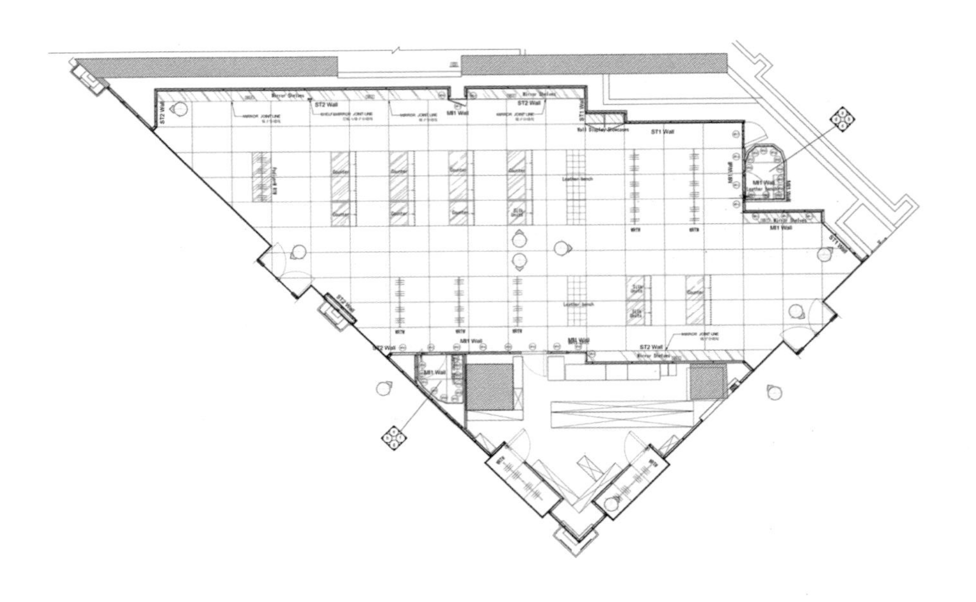

图3-24　服饰店平面图

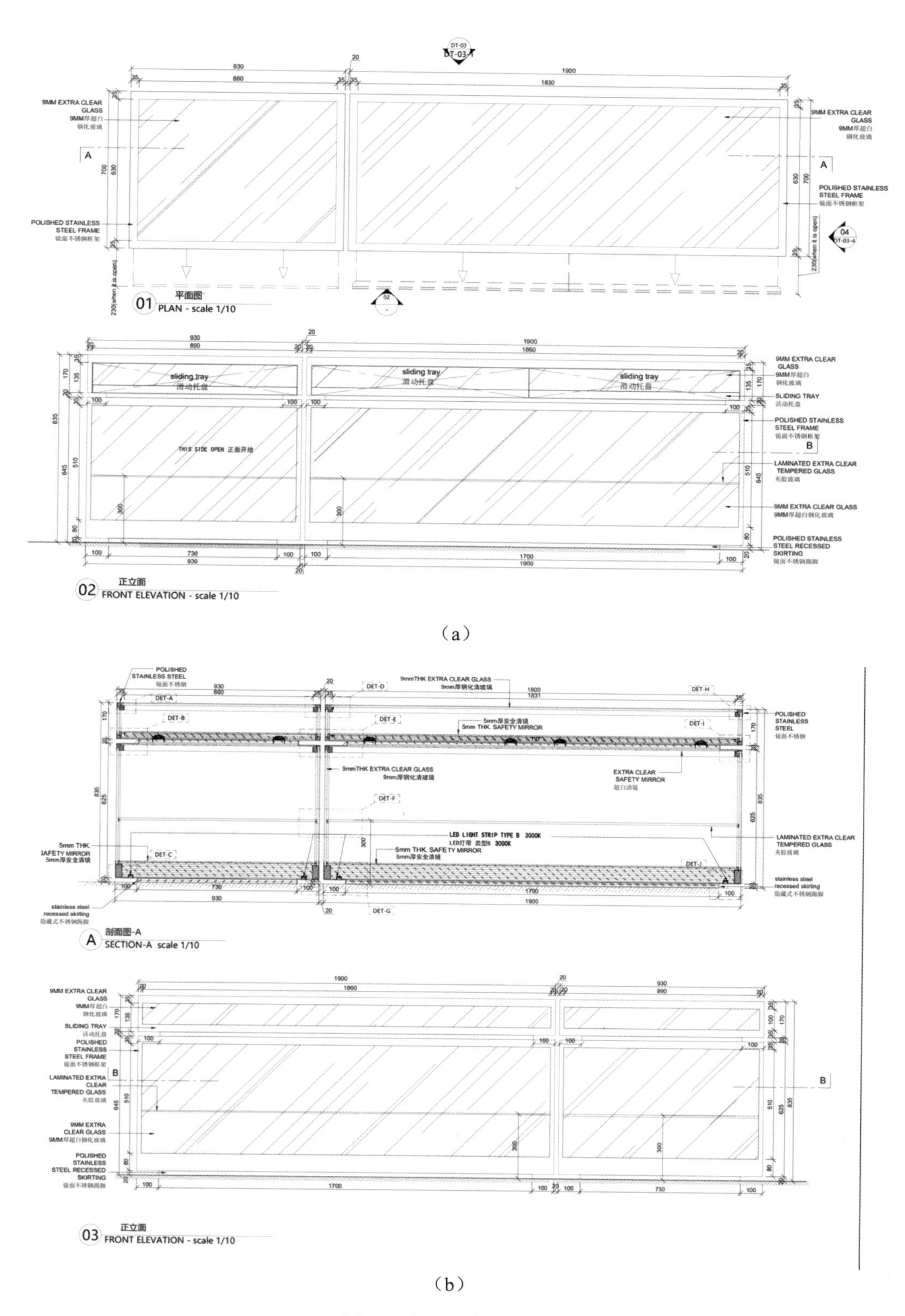

图3-25　展柜的平面、立面图

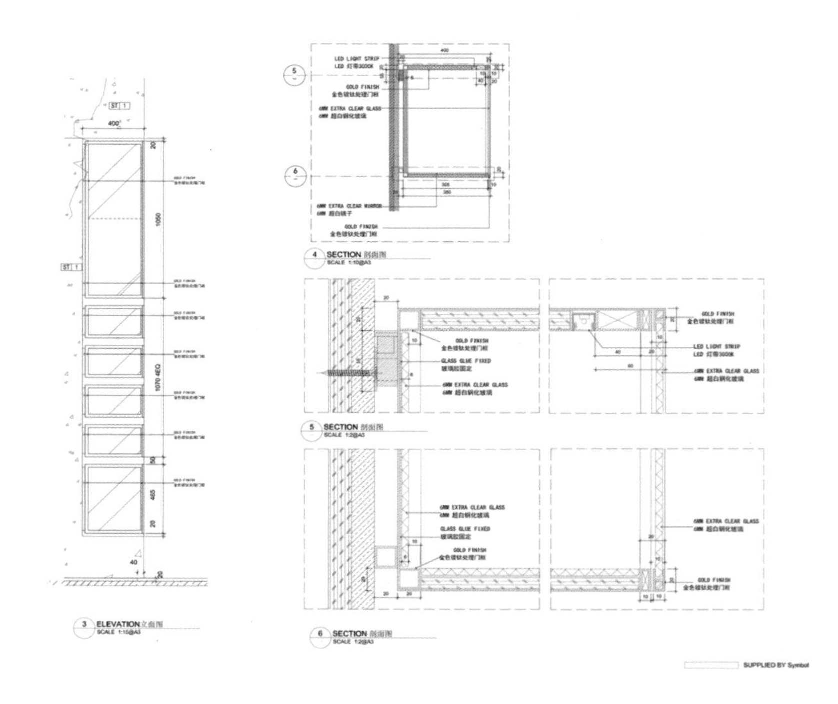

（a）

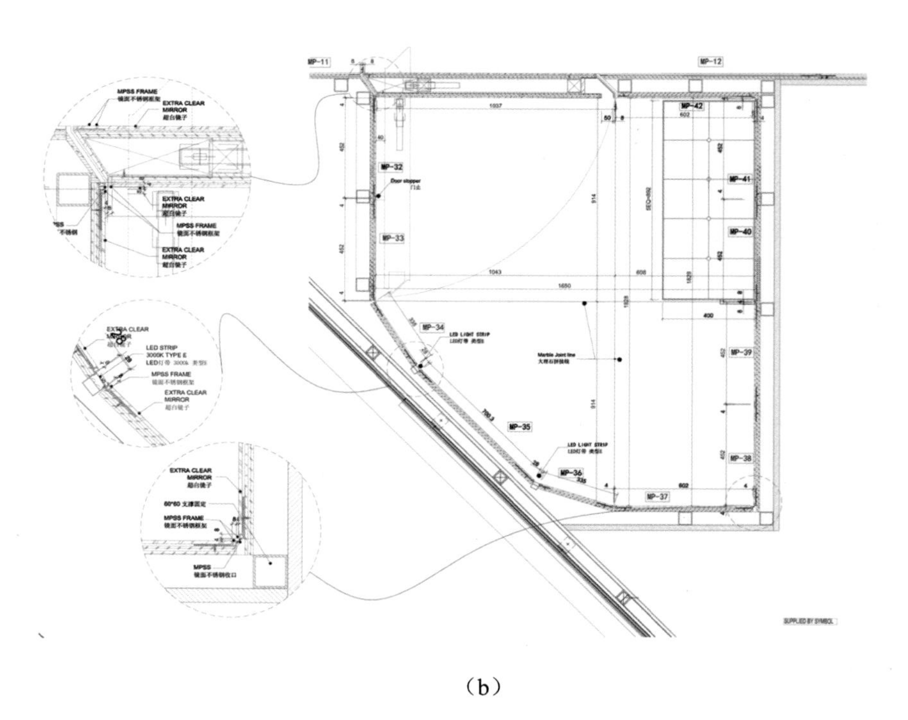

（b）

图3-26　展柜详图

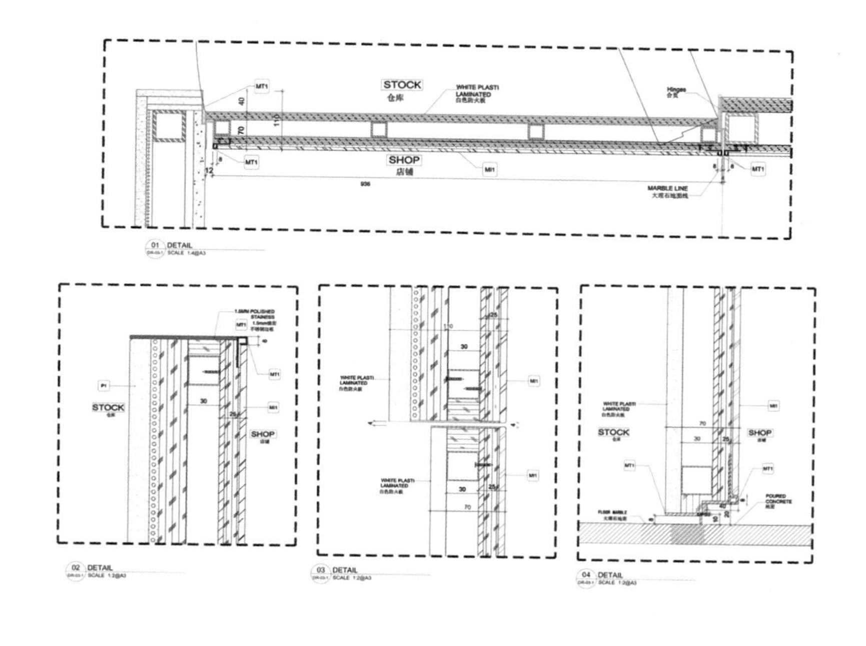

（c）

图3-26 展柜详图（续）

3.2.4 设计施工阶段

设计施工阶段，是实施设计的重要环节。为了使设计的意图更好地贯彻实施于设计的全过程中，在施工前，设计师要做好设计交底工作，明确解释设计说明及图纸的技术要点；在实际施工阶段中，要经常到现场指导施工及按照设计图纸进行审验，并根据现场实际情况进行设计的局部修改和补充；施工中要协助施工方选材；施工结束后，配合质检部门和投资方进行工程验收。

3.3 设计师应具备的素质

21 世纪，什么最重要？人才最重要！在现代知识经济的时代，设计师有更大的历史使命与时代发展的重任。未来将是以设计决定胜负的时代。三星品牌从即将破产，继而超越 SONY 品牌，短短几年时间，三星不断开发并推出设计时尚、功能先进、使用方便的数字高端产品，使三星脱胎换骨成长为全球高端品牌，设计改变了三星，三星缔造了一个传奇，让人刮目相看。这一切都是设计的力量。面对时代的挑战和需要，高素质、有能力仍是设计师的基本要求，作为一名优秀的室内设计师，应具备以下几个方面的基本素质。

3.3.1 设计能力

商业空间设计是一种空间艺术，因此，对空间的理解和想象能力至关重要。平时要多观察、多思考，以培养三维思考能力。要熟练掌握造型基础、色彩运用、计算机应用、透视效果表现，并能将自己头脑中的设计意图准确、熟练地表现出来，对尺寸、数字要有清晰的概念，对新材料、新技术要多学习并将其应用于设计之中。

3.3.2 创新能力

设计的主旨体现在创新上，正因为不断的创新，才会有更好的设计。“没有最好，只有更好”应该是设计师不断追求的目标。相同的空间、资金可以得到不同的空间效果，对于设计师来说，永远是个挑战。

3.3.3 协调能力

设计师就像润滑剂，要协调各专业人员配合完成设计，要协调投资方与施工方共同完成施工建设。为达到理想的设计效果，设计师必须主动、全面、准确地掌握设计、施工中各环节的进度、动向，并检验是否达到设计效果。

3.3.4 沟通能力

设计师应善于宣传自己和自己的设计；在展示设计的同时听取别人的意见；善于同别人合作，有良好的团队意识。

3.3.5 指导能力

工程是按图纸施工的，现场交底、设计变更是常遇到的情况，设计师要协调、指导现场施工，要有能力判断、决断，发现问题要及时解决。

设计师要有敏锐的观察力，对时尚动态和发展趋势都要有灵敏的嗅觉。设计是综合的艺术，设计师要对文学、戏剧、电影、音乐等具有较深的理解和较高的鉴赏水平，才能在空间的文化内涵、艺术手法、空间造型等方面有独到的设计表现。设计师必须脚踏实地，提高自身修为，只有这样才能做出好的设计。

本章介绍了商业空间的设计要求及商业空间的设计程序，包括设计前期阶段、方案设计阶段、施工图设计阶段、设计施工阶段一系列设计程序。在认识问题与解决问题上都给予方法层面的梳理与讲解，对于方案设计及完成设计任务都有很重要的意义。本章末尾介绍的设计师应具备的一些基本素质，对实际设计能力的提高有重要的启示作用，希望设计师能够重视，并注重自身修为的提高。

1. 商业空间设计都有哪些设计要求？
2. 商业空间设计程序分为哪几个步骤？

积极参与实践设计活动，在实践设计中锻炼并提高设计能力，将所学设计步骤、方法应用于设计过程中，体验设计过程。

第4章

商业空间光环境设计

学习要点及目标

- 熟悉商业空间照明的作用及光健康的概念。
- 了解商业空间照明的分类及在商业空间设计中的应用。
- 掌握商业空间照明的形式及商业空间光环境设计的发展趋势。

技能要求

提高认识光环境设计要素和光环境设计方法的能力。

本章导读

光环境设计在空间设计中的位置越来越重要，它的重要性被广泛地关注与重视。本章将从照明在商业空间中的作用及商业照明的分类开始，介绍商业空间照明设计的表现方式及灯具的类型与应用，概述商业外部、入口及内部空间的光环境设计，详细阐述“光健康”的概念并介绍如何识别健康光及如何评价光健康的优劣。鉴于光环境设计的日益发展，本章还将介绍商业空间中光环境设计的发展趋势。

4.1 商业空间照明设计的作用与分类

4.1.1 商业空间照明的作用

照明在商业空间环境中必不可少，它不仅可创造出多彩的商业空间环境，同时可显示出商业空间的特点。商业空间环境照明设计的任务，在于借助光的性质和特点，使用不同的方式，在商业空间环境这个特有的空间中，满足商业空间所需的照明功能，有意识地创造环境气氛和意境，增强环境的艺术性，使环境更符合人们的心理和生理需求。光可以构成空间、改变空间、美化空间，但光的功能处理不好也能破坏空间。商业空间照明设计的好坏，直接影响商业空间设计的效果，会对人的购物心理和情感起着积极或消极的作用，所以对采光和照明应予以充分的重视。现代设计中逐步将灯光设计作为专门的学科进行研究，并出现了专业的灯光设计师，配合空间设计师共同完成设计方案。图 4-1 所示为慕尼黑 Oberpollinger 高端百货商场的室内照明设计。

（a）

（b）

图4-1　高端百货商场的室内照明设计

点评：如图4-1所示，简洁的光环境设计可打造适合年轻人的商业空间。

4.1.2 商业空间照明的分类

商业空间照明一般可分为自然采光和人工照明两种。

1. 自然采光

自然采光是以太阳为光源形成光环境。利用自然采光可通过各种采光结构创造出光影交织、似透非透、虚实对比、投影变化的环境效果。但自然光因其光色较固定，无法满足商业环境照明的较高要求。另外，自然光线的移动变化常影响物体的视觉效果，难以维持稳定的光照质量标准，因此，对于商业空间照明设计来说，一般很少完全以自然光为主要依据来考虑商业空间的照明视觉效果。

2. 人工照明

商业环境照明中较多使用人工照明。人工照明可以随需而取，创造特有的环境气氛。巧妙、有效地综合利用自然采光和人工照明以及各种照明方式和艺术表现手法，可有力地构筑空间的视觉效果，如渲染空间层次、改善空间比例、限定空间路线、增加空间层次、明确空间向导、强调空间中心等。

现代商业空间环境的照明设计与心理学、工程技术学、艺术学等有密切的关系。现代商业环境照明设计应按照与商业相适应的合理照明标准，使用节能的照明设备，采取融科学与艺术为一体的先进设计方法，进行整体性的照明设计。如图 4-2 所示，琳琅满目的商品、整洁通畅的通道、醒目突出的标识，经由成本低廉的照明设计得以完美诠释；如图 4-3 所示，个性化的光环境设计为“星际穿越”餐厅呈现了独特的氛围；图 4-4 显示了自然采光与人工照明的对比。

（a）　（b）

（c）　（d）

图4-2　完美的照明设计

点评：如图4-2所示，恰到好处的照明可突显超市商品和必要售卖信息。

（a）　（b）

图4-3　餐厅的光环境设计

(c)

(d)

图4-3 餐厅的光环境设计（续）

点评：如图4-3所示，特殊的环境需要有特别的光来创造。

(a)

(b)

图4-4 自然采光和人工照明的对比

点评：如图4-4所示，在自然和人工两个光环境下可自由地转换。

4.2 商业空间照明设计的表现方式

商业空间照明设计，通过不同的表现形式及布局和功用，呈现不同的表现方式。

4.2.1 照明灯具的类型

1. 直接型灯具

此类灯具绝大部分光通量（90% ～ 100%）直接投照下方，光线通过灯具射出达到假定的工作面上，所以灯具的光通量的利用率最高。直接照明可使光大部分作用于作业面上，因此光的利用率较高，会起到引人注意的作用。其特点为易产生眩光，照明区与非照明区亮度对比强烈。如图 4-5 所示，直接光照突出主题，烘托展品。

（a）

（b）

图4-5 直接光照设计

点评：如图4-5所示，需要聚焦的地方要有更亮的照明来配合。

2. 间接型灯具

灯具的小部分（10% 以下）光通向下。通过反射光进行照明，如天花灯槽将全部光线射向顶棚，并经天花反射到工作面上，设计得好时，全部天棚成为一个照明光源，达到柔和无阴影的照明效果。由于灯具向下光通很少，只要布置合理，直接眩光和反射眩光都很小。此类灯具的光通利用率较其他种类的要低。间接照明光线柔和，无眩光；但光能消耗大，照度低，通常与其他照明方式配合使用。如图 4-6 所示，利用光带的灯光投射在展品上呈现柔和的空间环境；如图 4-7 所示，专卖店通常采用多样的照明形式；如图 4-8 所示，富有动感的灯带形式增加了空间的活力；如图 4-9 所示，光与色搭配烘托了展品。

图4-6　光带的运用

点评：图4-6所示光带形成明亮的光环境。

图4-7　多样的照明形式

点评：如图4-7所示，综合的光源形成舞台效果。

图4-8　动感的灯带设计

点评：如图4-8所示，光与形体共同塑造空间。

图4-9　光与色的搭配

点评：如图4-9所示，浅色的光与背景衬托商品。

3. 半直接型灯具

这类灯具大部分（60% ～ 90%）光通量射向下半球空间，少部分射向上方，射向上方的分量将减小照明环境所产生的阴影的硬度并改善其各表面的亮度比。它除了保证工作面照度外，非工作面也能得到适当的光照，使室内空间光线柔和、明暗对比不太强烈，并能扩大空间感。如图 4-10 所示，专卖店采用了灯光烘托气氛，营造轻松、明亮的购物环境。

（a）

（b）

图4-10 灯光烘托气氛

点评：如图4-10所示，灯光可完美表现商品的性格。

4. 半间接型灯具

灯具向下光通占 10% ～ 40%，它的向下分量往往只用来产生与天棚相称的亮度，此分量过多或分配不适当也会产生直接或间接眩光等一些缺陷。它们主要作为环境装饰照明，由于大部分光线投向顶棚和上部墙面，增加了室内的间接光，光线更为柔和宜人。

半间接照明使大部分光线照射到天花上或墙的上部，使天花非常明亮均匀，没有明显的阴影，但在反射过程中，光通量损失较大。这种照明方式没有强烈的明暗对比，光线稳定柔和，能产生较大的空间感。如图 4-11 所示，设计师利用灯带的造型使空间更具层次感、空间感。

（a）

（b）

图4-11 灯带造型与空间设计

点评：如图4-11所示，与书架结合的灯带设计和空间造型浑然一体。

5. 漫射型灯具

灯具向上和向下的光通量几乎相同（各占 40% ～ 60%）。最常见的是乳白玻璃球形灯罩，其他各种形状漫射透光的封闭灯罩也有类似的配光。这种灯具将光线均匀地投向四面八方，因此光通利用率较低，光线柔和、没有眩光，适用于各类商业空间场所。如图 4-12 所示，采用吊灯、吸顶灯等照明器具泛照整个空间，以烘托整体空间氛围，并通过造型灯具达到装饰、点缀空间的效果。

图4-12　灯具造型与空间设计

点评：如图4-12所示，特殊造型的灯具成为空间的有机组成部分。

4.2.2 灯具的照明方式

灯具的照明方式以灯具的布局形式和功用来分类，可分为如下几种形式。

1. 整体照明

整体照明指对整个商业空间平均照明，也叫普通照明或一般照明。通常采用漫射型照明或间接型照明实现整体照明。它的特点是没有明显的阴影，光线较均匀，空间明亮，不突出重点，易于保持商业空间的整体性。如图 4-13 所示，造型灯具与灯光相结合，营造出空间氛围；图 4-14 中，运用了整体的色彩及灯光效果制造出整体的空间氛围，明亮且舒适。

图4-13　造型灯具与灯光结合

图4-14　色彩与灯光效果设计

点评：如图4-13所示的照明介质成为空间的主角之一。图4-14 注重空间整体效果的照明设计。

2. 局部照明

只为满足某些空间区域或部位的特殊需要而设置的照明方式被称为局部照明。整体照明是整个商业空间的基本照明，而局部照明更有明确的目的性。图 4-15 中，卫生间水具上方通常采用局部照明，以方便使用水具。

3. 重点照明

为强调特定的目标和空间而采用的高亮度的定向照明方式被称为重点照明。在商业空间照明设计中重点照明是常用的一种照明方式。它的特点是可以按需要突出某一主体或局部，并按需要对光源的色彩、强弱以及照射面的大小进行合理调配。如图 4-16 所示，配饰、软装等区域可采用重点照明。

图4-15　卫生间水具照明设计

图4-16　重点照明设计

点评：如图4-15所示，在特殊位置的照明与特定材质合奏出特别的小夜曲。图4-16中营造了有故事的空间环境。

4. 装饰照明

装饰照明是以色光营造一种带有装饰味的气氛或戏剧性的空间效果，用灯光作为装饰的手段，又称气氛照明。它的特点是增强空间的变化和层次感，制造特殊氛围，使商业空间环境更具艺术氛围。如图 4-17 所示，通过光与色的变化整合，调配空间需要，营造出了丰富的空间氛围。

（a）

（b）

图4-17　光和色的整合设计

点评：如图4-17所示，光色与功能结合展示环境空间的迷人魅力。

4.2.3 灯光的表现方式

灯光的表现方式，主要有以下几种。

（1）点光，就是点辐射、聚光的形式，如聚光灯在空间中形成点光的表现形式。

（2）带光，通常表现方式为光带，如日光灯管、LED 灯带所呈现的表现形式。

（3）面光，就是以发光面的形式投照，如软膜天花所呈现的灯光形式比较均匀，形成面光的表现形式。

（4）其他表现方式，分为静止与流动的灯光表现方式，如追光灯、霓虹灯、激光等灯光呈现出的表现形式。

如图 4-18 所示，日式料理店、咖啡馆等空间常运用重点照明、装饰照明来渲染空间环境。空间中灯光的表现方式也呈现出多样性和交叉性，从而调配空间氛围。

（a）

（b）

图4-18　灯光的表现方式与空间设计

（c）

（d）

图4-18 灯光的表现方式与空间设计（续）

点评：如图4-18所示，照明方式随空间而变，塑造独特的空间魅力。

4.3 灯具类型及运用

灯具的类型有很多，按灯具的配置方式分类，可以分为天花灯具、壁灯、台灯、地灯等类型。

4.3.1 天花灯具

常用的天花灯具包括以下几种。

1. 悬吊

悬吊，包括吊灯、花灯、宫灯、伸缩性吊灯。主要用于室内的一般照明，并起到装饰性的作用，因此选择不同造型风格、大小、质地等的吊灯，会影响整个空间环境的艺术氛围，体现不同的档次，如图 4-19 所示。

2. 吸顶

吸顶，包括凸出型、嵌入型灯具。凸出型灯具如吸顶灯，吸顶灯是将照明灯具直接吸附、固定在天花上的灯具。吸顶灯与吊灯的区别在于，吊灯多用于较高的空间之中，吸顶灯多用于较低的空间之中。嵌入型灯具安装时，是将灯身嵌入天花内部，是一种隐藏式灯具，如射灯、筒灯、格栅灯等。嵌入型灯具应用于多种照明方式下，不会破坏天花吊顶的效果，能够保持建筑装饰的整体与统一。

3. 发光顶棚

吊顶全部或局部采用透光材料做造型，内部均匀布置日光灯光源的发光顶，称为发光顶棚。

图4-19　悬吊的不同造型

点评：图4-19所示为悬浮于空中的照明形式。

透光材料一般选用磨砂玻璃、喷漆玻璃、亚克力板等。巴力天花是一种新型的透光材料，也被大量应用于室内外装饰设计中。

发光顶棚的构造形式也可用于墙面和地面，形成发光墙面和发光地面。不同的是，发光地面要求材料更具坚固性，如用钢结构做骨架，并使用钢化玻璃做透光材料。

图 4-20 所示为运用透光云石板做造型的天花设计；图 4-21 所示为运用巴力天花做造型的天花、墙面设计。

图4-20　发光的天花

图4-21　天花、墙面的光照设计

点评：如图4-20所示，会发光的天花模拟自然光效果。

如图4-21所示，透光材料在光照射下的肌理效果成为空间装饰元素。

4. 发光灯槽

发光灯槽通常利用建筑结构或室内装修结构对光源进行遮挡，使光投向上方或侧方。其照明多作为装饰或辅助光源，可以增加空间层次，是一种虚拟空间设计手法，起到引导作用。

图 4-22 所示为发光灯槽的应用实例，图 4-23 中应用发光灯槽装饰空间使空间更具层次感。

（a）

（b）

图4-22 发光灯槽实例

点评：如图4-22所示，发光灯槽与空间界面完美结合。

（a）

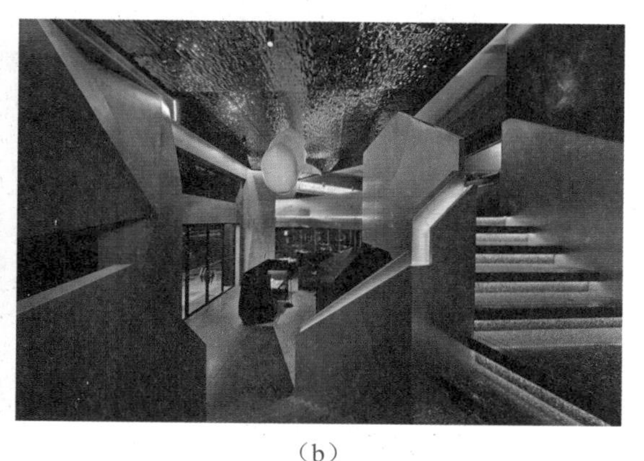

（b）

图4-23 发光灯槽的装饰空间

点评：如图4-23所示，灯槽对空间具有装饰、塑造和强调的作用。

4.3.2 壁灯

壁灯分悬挑式和附墙式两种，多安装于墙面或柱子上。除辅助照明作用外，壁灯还起到装饰作用，与其他灯具配合使用，丰富光照效果，增强空间层次感，如图 4-24 所示。

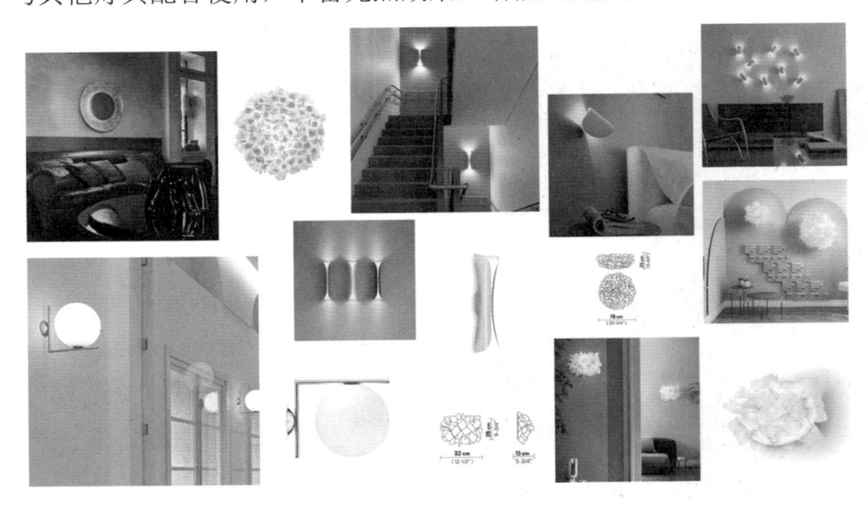

图4-24　壁灯的运用

点评：图4-24所示为依附于墙壁的照明形式。

4.3.3 台灯和落地灯

以某种支撑物来支撑光源，一般放在茶几、桌案等台面上的灯具叫台灯，放在地面上的称为落地灯。台灯和落地灯既有功能性照明作用，也有装饰性和气氛性照明的作用，如图 4-25 所示。

（a）

图4-25　台灯和落地灯的运用

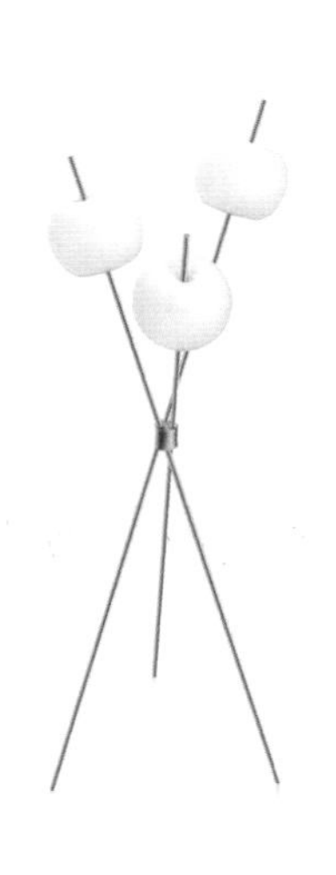

（b）

图4-25 台灯和落地灯的运用（续）

点评：图4-25所示为放置于平面的照明形式。

4.3.4 特殊灯具

特殊灯具包括追光灯、旋转灯、光束灯、流星灯等，如图 4-26 所示。

（a）

（b）

图4-26 特殊灯具的运用

点评：图4-26所示为具有舞台效果的照明形式。

4.4 光环境设计

光环境设计包括商业空间外部光环境设计、商业入口光环境设计以及营业区光环境设计等。

4.4.1 商业空间外部光环境设计

商业空间外部光环境设计的典型代表就是橱窗的灯光设计。橱窗的灯光设计必须达到引人注目的效果，在创作方式上应注意两点：一要注重艺术效果与文化品位；二要突出重点——商品，而不是灯光，切勿喧宾夺主。如图 4-27 所示，橱窗灯光设计采用了重点照明方式以突出展品并引人注目。

（a）

（b）

图4-27　橱窗灯光设计

点评：如图4-27所示，橱窗的灯光设计要达到精致而特别的效果。

4.4.2 商业入口的光环境设计

商业入口的灯光应强调识别性，明显易辨，烘托热烈的商业气氛。如图 4-28 所示，门头照明采用了分层次的灯光照明形式，使空间更具细节及冲击力；如图 4-29 所示，醒目的光色搭配，使空间更具活力及张力；如图 4-30 所示，突出重点的光照形式围合出了典雅的环境氛围；如图 4-31 所示，入口、玄关处采用了明亮的照明以起到醒目的作用；如图 4-32 所示，大堂区采用了多样的照明手段以增强层次感、空间感；如图 4-33 所示，重点照明使空间更具吸引力；如图 4-34 所示，光带的运用具有一定的导引作用；如图 4-35 所示，大堂区装饰照明使得空间更有气势。

图4-28　门头照明设计

图4-29　光色搭配

点评：如图4-28所示，立面上体现出光的韵律。如图4-29所示，光色搭配添加更多的韵味。

图4-30　突出重点的光照

图4-31　入口处的照明设计

点评：图4-30中特别的光照突显主力商品的价值。图4-31中入口处的光环境体现欢迎的意味。

图4-32　大堂照明的多样性

图4-33　重点照明设计

点评：如图4-32所示，主要空间的光环境设计要丰富。图4-33中创造了更引人注目的光环境。

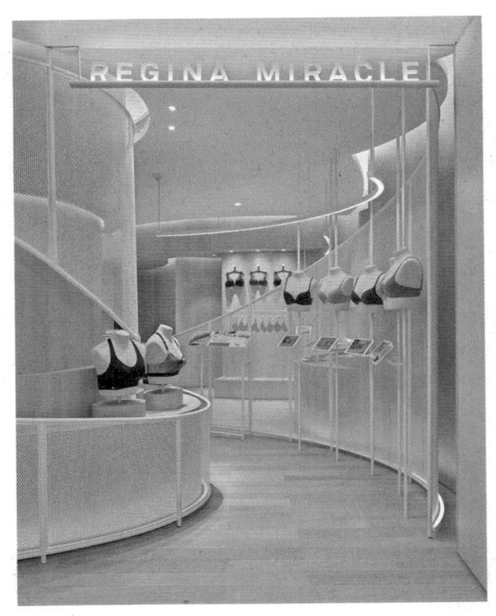

图4-34　光带的导引作用

图4-35　装饰照明设计

点评：如图4-34所示，连续的光带作用不容小视。如图4-35所示的灯具在空间中起到主要作用。

4.4.3 营业空间的光环境

绝大部分的商业空间都依赖人工照明，创造优雅舒适的光环境，这是留住顾客的重要手段之一。

如图 4-36 所示，公共区域照明采用了具有气势的重点照明和装饰照明；如图 4-37 所示，光与色的搭配使空间更具视觉冲击力，突显了产品；如图 4-38 所示，光色与造型的搭配使空间更具戏剧性，丰富且动感十足。

（a）

（b）

图4-36　公共区域照明设计

（c）

（d）

图4-36 公共区域照明设计（续）

点评：如图4-36所示，大空间中的照明方式通常比较夸张，装饰性更强些。

（a）

（b）

图4-37 光与色的搭配设计

点评：如图4-37所示，光色搭配更好地服务于商品。

（a）

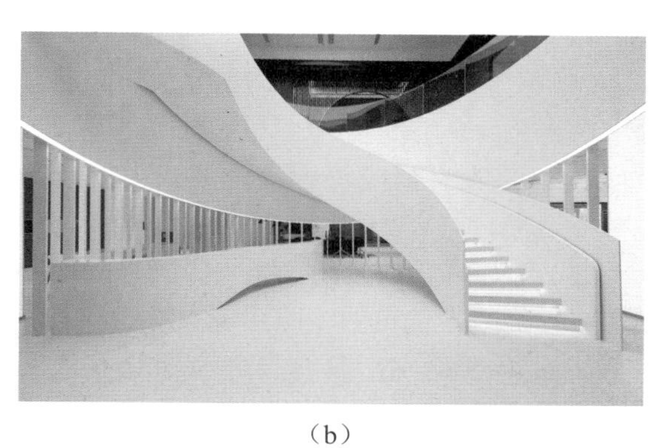

（b）

图4-38 光色与造型的搭配

点评：如图4-38所示，光在塑造曲面空间时更有优势。

4.5 光健康

4.5.1 光健康的概念

随着生活品质的提高，人们对光的要求也在不断提高。光线对于我们并不陌生，但如何营造好的光环境？如何得到有利于身心健康的光环境？这些问题日益受到人们重视。光健康的概念，即健康＋照明＝光健康。光健康概念包含两个层面的含义。

（1）满足使用场所的功能性要求，如灯亮不亮、美不美观，是否符合使用要求。满足功能性要求至关重要。

（2）满足心理要求，如考虑色温、照度对人情绪的影响。满足心理需求也是在进一步完善其功能。

4.5.2 五个标准识别健康光

选择灯光的质量比选择灯具的造型更重要。符合光健康标准的光才是“健康光”。健康光有以下五个特征。

（1）光线品质高。光线品质差，频闪情况就严重。

（2）照度值适宜。照度值是指光线的照明强度。照度太暗，容易导致近视；太亮，会损害视网膜，还会产生眩光。

（3）正确还原物体颜色。光源对物体的显色能力称为显色性，光源的显色性也相当重要。显色性高的光源对颜色的表现力较好，所看到的颜色也就较接近自然原色。《建筑照明设计标准》规定，在居室和办公场所，要求灯光的显色性在 80 Ra（太阳光的显色性为 100 Ra）以上。

（4）色温、色彩应符合美学要求。照明设计中对光色、介质颜色、灯具色彩、背景色彩、空间色彩的考虑都应符合美学要求，符合人的审美习惯。

（5）明与暗合理搭配。光与影的组合可以创造一种舒适、优美的光照环境。

如图 4-39 所示，既有自然光照又有人工装饰照明，但阅读区的人工照明更柔和、稳定、充分，整个空间也因此显得更有层次感。

图4-39　阅读区的照明设计

点评：图4-39所示阅读空间的光照更舒适。

4.5.3 如何评价光环境的优劣

照明是科学，也是艺术。光环境设计的优劣应该从技术和艺术两个方面综合评价。 德国Heinrich Kramer 博士（CIE“照明与建筑”技术委员会主席）提出八条指导方针。

（1）灯光应给人以方向感，并能界定清楚人们在时空中的位置。

（2）灯光应该是室内和建筑不可分割的一部分，即在开始时就包含在规划方案里，而不是最后加进去的。

（3）灯光应该支持建筑设计和室内设计的设计意图，而不能使其游离出来。

（4）灯光应该在一个场所内营造出一种状态和气氛，能够满足人们的需要和期望。

（5）灯光应该促进人际交流。

（6）灯光应该有意义并传达一种信息。

（7）灯光的基本表现形式应该是独创性的。

（8）灯光应该能够使我们看见并识别我们的环境。

以上八条指导方针有助于我们判断光环境设计的优劣。

此外，从技术层面上还应该补充以下两点。一是经济的合理性。低成本投入，效益最大化，是当今各行业发展所面临的主题。如何能用较低的投入赢得最大化的效益，并能在合理的经济条件下得到最佳的设计实施方案直接影响到人类生存环境未来的发展。二是环保、节能。低碳、零排放，这些已经日益受到人们的关心和支持。多使用节能照明，可以节约很多能源。作为设计师，要肩负起人类发展使命，而不应过多浪费，好的设计既环保又节能，在得到好的效果的同时，又造福人类。

如图 4-40 所示，用灯光烘托主题，使其焕发青春活力，体现整体性、统一性。

（a）

（b）

图4-40　灯光烘托主题

（c）

（d）

图4-40　灯光烘托主题（续）

点评：如图4-40所示，室外环境中的照明设计整体性更强些，可塑性也更强些。

4.6 商业空间光环境设计的发展趋势

随着光环境设计的日益发展，商业空间光环境设计呈现出以下几点发展趋势。

（1）光环境设计将成为建筑工程中不可缺少的独立的设计过程。

（2）光环境设计逐渐向个性化、艺术化发展。

（3）光环境的设计将更注重环保和节能。

（4）自然光的利用将会越来越受到重视。

（5）科技的日新月异为光环境的设计提供了更多更好的选择。

如果说光环境设计是一门艺术，那么它与其他艺术形式最大的不同，就在于它受到技术发展的约束，所有的光环境设计都离不开照明技术的支持。随着照明技术的提高，光环境设计会得到更大的发展与进步。如图 4-41 所示，将多种照明表现方式运用于空间之中，可营造出不同的氛围；如图 4-42 所示，运用光营造氛围，传递小空间的魅力。

（a） （b）

（c） （d）

（e） （f）

图4-41　照明表现方式的多样化

点评：如图4-41所示，不同功能空间的光环境要求不同。

（a）　　（b）

（c）　　（d）

图4-42　光的艺术效果

点评：如图4-42所示，光的艺术效果使空间表情更加丰富。

本章小结

本章介绍了照明在商业空间中的作用及商业照明的分类、商业空间照明设计的表现方式、灯具的类型与应用，概述了商业空间外部、入口及内部的光环境设计，详细阐述了“光健康”的概念，怎样识别健康光及如何评价光健康的优劣。最后，讲述了商业空间中光环境设计的发展趋势。

1. 商业空间灯具的照明方式都有哪些？
2. 商业空间灯具的表现方式都有哪些？
3. “光健康”概念包括哪两个层面？

积极参与实践设计活动，在实践设计中锻炼并提高设计能力，将所学光环境设计表现方式、不同灯具类型应用、各空间的光环境设计应用于方案设计中。

第5章 商业空间色彩设计

学习要点及目标

- 了解色彩设计的基本知识。
- 理解色彩的属性及色调、三原色的分类概念。
- 掌握色彩的设计及搭配原则。

技能要求

提高对色彩的感知能力、对心理效应的认识能力以及色彩在空间设计中的实际应用能力。

本章导读

色彩是商业空间设计中视觉传达的重要因素，它对于渲染商业空间的主题、烘托商业空间环境氛围、体现商品在空间环境的表现力都起到非常重要的作用。在商业空间设计中，设计师对商业空间室内气氛进行营造时，常常采用色彩的魅力来增强艺术氛围。色彩几乎可被称为空间设计的“灵魂”。本章将带领大家重温色彩的基本知识，从色彩的本质、属性、色调开始，了解色彩的物理效应及色彩对人的生理和心理作用，认识色彩的空间感，学习商业空间中色彩设计的原则。

5.1 商业空间色彩设计的基本知识

历经几个世纪的努力、几代物理学家毕生的研究，人们终于认识到色彩是太阳向宇宙发射的光，是波长在 380 ～ 750nm 的电磁波。光是一切物体颜色的唯一来源。光和色是不能分离的，光是色和形之母，色和形是光之子。

5.1.1 色彩的本质

色彩是通过光反射到人的眼中而产生的视觉感，我们可以区分的色彩有数百万之多。黑、白、灰被称为无彩色。除无彩色以外的一切色，如红、黄、蓝等有色彩的色被称为有彩色。

5.1.2 色的三属性

对色彩的性质进行系统的分类，可分为色相、明度及彩度三类。

1. 色相

色相（Hue），简写 H，表示色的特质，是区别色彩的必要名称，如红、橙、黄、绿、青、蓝、紫等。色相和色彩的强弱及明暗没有关系，只是纯粹表示色彩相貌的差异。色相是有彩色才具有的属性，无彩色没有色相。光谱的色顺序按环状排列即叫色相环。

2. 明度

明度（Value），简写 V，表示色彩的强度，亦即色光的明暗度。不同的颜色，反射的光量强弱不一，因而会产生不同程度的明暗。明度最高的色是白色，明度最低的色是黑色。

3. 彩度

彩度（Chroma），简写 C，表示色的纯度，亦即色的饱和度。具体来说，是表明一种颜色中是否含有白或黑的成分。假如某色不含有白或黑的成分，便是纯色，彩度最高；含有越多白或黑的成分，它的彩度越低。

如图 5-1 所示，运用明快的颜色营造出了具有现代氛围的空间环境。

（a）（b）（c）（d）

图5-1 明亮色彩的运用

点评：如图5-1所示，商业服务空间中使用明亮的色彩有助于营造轻松无压力的消费环境。

5.1.3 色调

在室内环境中，通过色彩的色相、纯度、明度的组合变化，产生对一种色彩结构的整体印象，这便是色调。

为商业空间环境确立的明度基调，将一定程度上决定商业空间环境最后所要形成的色彩效果。

以颜色为基调的，主要是色量的控制，以寻求有主要倾向性色相的色彩，如偏橙色或偏粉红色，或含灰的色所组成的不同色调，还有暖色调、冷色调等。

暖色调，如红、黄、橙、赭石、咖啡、紫红等，具有热烈、明朗、兴奋、奔放等特点，给人以温暖的感觉，尤其适合冬天使用。

冷色调，如蓝、绿、紫等，具有安静、稳重、明快等特点，给整个房间带来清新、凉爽之感。

如图 5-2 所示，运用暖色光源营造出了温馨的空间氛围；如图 5-3 所示，运用蓝色光源来营造清新的空间氛围。

（a）

（b）

图5-2　暖色光的运用

点评：如图5-2所示，阅读空间中的温暖氛围需要灯光和家具、图书、室温、心情共同创造。

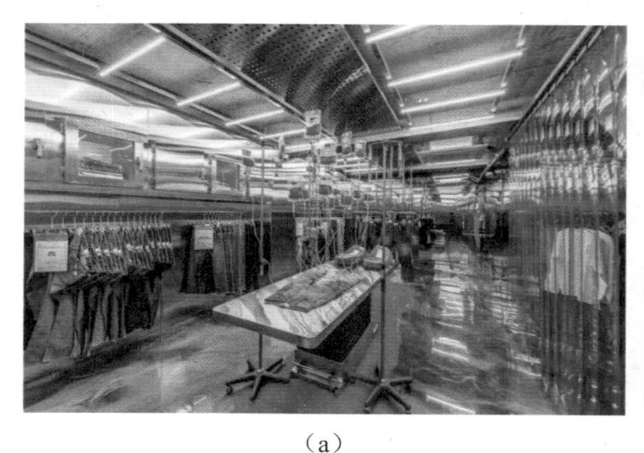

（a）

（b）

图5-3　冷色光的运用

点评：如图5-3所示，科技、深邃、静寂、漂浮的空间体验呼之欲出。

5.1.4 三原色

我们所见的各种色彩都是由三种色光或三种颜色组成，而它们本身不能再分拆出其他颜色成分，所以被称为三原色。

1. 光学三原色

光学三原色分别为红（Red）、绿（Green）、蓝（Blue）。将这三种色光混合，便可以得到白色光，如霓虹灯，它所发出的光本身带有颜色，能直接刺激人的视觉神经而让人感觉到色彩，我们在电视屏幕和计算机显示器上看到的色彩，均是由 RGB 三原色组成的。

2. 物体三原色

物体三原色分别为青蓝（Cyan）、洋红（Magenta red）、黄（Yellow）。三色相混，会得出黑色。物体不像霓虹灯，可以自己发放色光，它要靠光线照射，再反射出部分光线去刺激视觉，使人产生颜色的感觉。CMY 三色混合，虽然可以得到黑色，但这种黑色并不是纯黑色，所以印刷时要另加黑色（Black）。

图 5-4 中采用了红色与黑色的经典配色，稳重富有张力。

（a）

（b）

图5-4 红色与黑色的经典搭配

点评：如图5-4所示，色相上的强烈对比与夸张的造型相配合使人印象深刻。

图 5-5 中红色配以暖白色营造出浓烈的氛围，使空间别具味道。

（a）

（b）

图5-5　红色和暖白色的搭配

点评：如图5-5所示，明度变化产生或轻快或厚重的空间效果。

5.2 色彩的物理效应

色彩对人引起的视觉效果反映在物理性质方面，如冷暖、远近、轻重、大小等，这不但是物体本身对光的吸收和反射不同的结果，而且存在着物体间相互作用的关系所形成的错觉。色彩的物理作用在室内设计中可以大显身手，赋予设计作品感人的设计魅力。

5.2.1 温度感

在色彩学中，把不同色相的色彩分为热色、冷色和温色，从红紫、红、橙、黄到黄绿色称为热色，以橙色最热。从青紫、青至青绿色称冷色，以青色最冷。紫色是红与青色混合而成的，绿色是黄与青色混合而成的，因此是温色。图 5-6 是呈现出温度感的色彩搭配。

（a）

（b）

图5-6　呈现温度感的色彩搭配

点评：如图5-6所示，缤纷的色彩形成冷暖的丰富感受。

5.2.2 距离感

色彩可以使人产生进退、凹凸、远近的不同感觉，一般暖色系和明度高的色彩给人以前进、凸出、接近的效果，而冷色系和明度较低的色彩则给人以后退、凹进、远离的效果。商业空间设计中常利用色彩的这些特点去改变空间的大小和高低感。

图 5-7（a）和图 5-7（b）中运用蓝色系产生远处空间的扩张感，图 5-7（c）至图 5-7（e）中在前景中使用暖色使空间产生层次感。

（a）

（b）

（c）

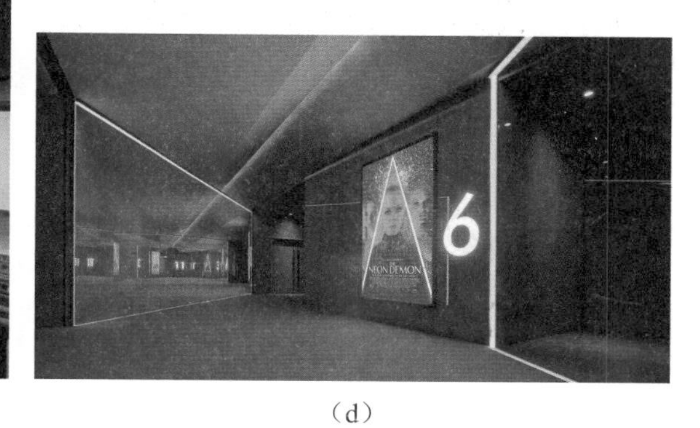

（d）

（e）

图5-7　色彩对空间的作用

点评：如图5-7所示，冷色系适合作为背景色出现。

5.2.3 重量感

色彩的重量感主要取决于明度和纯度，明度和纯度高的物体显得轻，如桃红、浅黄色；反之则显得庄重。在室内设计的构图中常以此满足平衡和稳定的需要，以及表现性格的需要，如轻飘、庄重等。

图 5-8 中使用明度和纯度低的酒红、咖啡色使环境显得庄重。

（a）

（b）

图5-8 明度低的暖色调的表现效果

点评：如图5-8所示，妥善运用明度低的暖色调可以使空间显得安静、沉稳。

5.2.4 尺度感

色彩对表现物体大小的作用，包括色相和明度两个因素。暖色和明度高的色彩具有扩散作用，因此物体显得大，而冷色和暗色则具有内聚作用，因此物体显得小。不同的明度和冷暖色有时也通过对比作用显示出来，室内不同家具、物体的大小和整个室内空间的色彩处理有密切的关系，可以利用色彩来改变物体的尺度、体积和空间感，使室内各部分之间关系更为协调。图 5-9 中的红色使空间扩散，并形成浓烈的空间氛围。

（a）

（b）

图5-9 红色对空间的作用

点评：如图5-9所示，沉浸在红色的空间中总是让人血脉贲张。

图 5-10 中的单色空间中色彩的调配要适宜。

（a）

（b）

图5-10 单色空间中色彩的调配

点评：图5-10中协调的色彩环境离不开环境光的作用。

5.3 色彩对人的生理和心理作用

5.3.1 色彩对人的生理作用

人们对不同的色彩表现出不同的好恶，这种心理反应，常常是由人们的生活经验、利害关系以及色彩引起的联想造成的，此外也和人的年龄、性格、素养、民族、习惯等分不开。

例如，看到红色，联想到太阳，生命之源，从而感到崇敬、伟大；也可以联想到血，感到不安、野蛮等。看到黄绿色，联想到植物发芽生长，感觉到春天的来临，于是用它代表青春、活力、希望、发展、和平等。看到黑色，联想到黑夜、丧事中的黑纱，从而感到神秘、悲哀、不祥、绝望等。看到黄色，似阳光普照大地，感到明朗、活跃、兴奋。

5.3.2 色彩对人的心理作用

当色彩以不同的光强度与不同的波长作用于人的视觉时，便会产生一系列生理、心理的反应，这些与人以往的经验相联系时，便会引起各种联想，使色彩具有情感、意志、情绪等各方面的象征意义。设计商业空间环境的色彩时必须考虑这些因素，如体育竞技类的场馆往往采用强烈的红、黄等纯度高的色彩，可以刺激运动员的求胜欲望，改善竞技状态；如图书馆阅览室则采用偏冷的低纯度的色彩，以营造宁静的环境气氛。

由于色彩的象征意义对人的心理作用，科学家对色彩治疗病症作了如下对应关系。

紫——神经错乱

靛青——视力混乱

蓝——甲状腺和喉部疾病

绿——心脏病和高血压

黄——胃、胰腺和肝脏病

橙——肺、肾病

红——血脉失调和贫血

利用色彩治病有复杂的系统和处理方法，选择使用色彩的刺激去治疗人类的疾病，是一种综合艺术。

伦敦附近泰晤士河上的黑桥，跳水自杀者比其他桥多，改为绿色后自杀者就少了。这些观察和实验，虽然还不能充分说明不同色彩对人产生的各种各样的作用，但至少已能充分证明色彩刺激对人的身心所带来的重要影响。如图5-11所示，在室内环境中越来越多地应用装饰性元素，营造高级的艺术氛围。

（a）

（b）

图5-11 装饰营造氛围

（c）

（d）

图5-11 装饰营造氛围（续）

点评：图5-11 艺术造型能有效提升室内环境的品质。

如图 5-12 所示，越来越多的家具、灯具创新样式在诠释着空间的丰富内涵和独特品质，体现出较强的未来感，同时突出了空间的视觉特征。

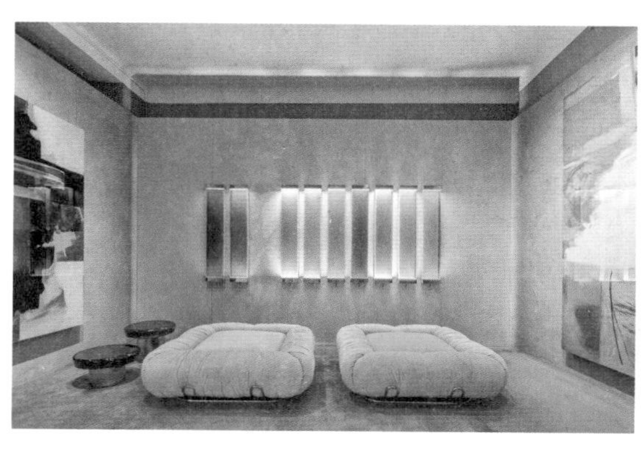

（a）

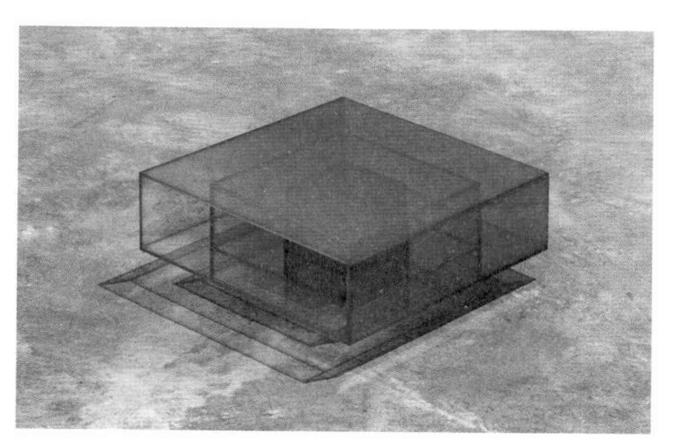

（b）

图5-12 家具、灯具的造型对空间的作用

（c）

（d）

图5-12　家具、灯具的造型对空间的作用（续）

点评：如图5-12所示，家具、灯具的优美造型为空间增色不少。

5.4 色彩的空间感觉

不同色彩与不同色调在商业空间中使用，与室内的空气调节、音响调节等一起，成为现代商业空间环境调节手段的一个重要方面。现代科技的进步，使人们不但购买产品本身，更多的是愿意参与、充分享受创造的过程。专业的设计师针对商业空间的需要，利用计算机进行各种调色试验，如涂料、家具的配置等，以起到色彩调节空间效果的作用。

（1）根据不同空间的功能要求设置不同的色彩，以明确区域划分。

（2）从美学角度上突出空间的外貌特征，给人以安全、舒适、悦目的感觉。

（3）有效地利用光照，易于看清室内空间中的各个物品。

（4）减轻人的视觉疲劳，提高学习、工作的效率。

（5）使室内环境更加整洁、有序，从而提高工作效率。

（6）通过冷色与暖色在室内空间中的运用给我们体温上的不同感受，如在朝北的居室运用暖色调易创造温暖的感觉，冷色调会使房间显得比较凉爽。

（7）冷色偏轻，给人以很远的感觉，如使用了它们，房间显得更大，更具庄重感。暖色偏重，给人以互相吸引的感觉。

（8）选择明亮色彩的材料装饰天花、地面、墙面，利用明亮色彩的反射作用能使整个空间感觉更亮堂、更大。大而高的空间，易产生视觉的涣散和乏味感，可以选择深暗色的地面材料，使心里感觉空间收缩与紧凑，如快餐厅，整体的暖色调，低纯度的对比色，给人营造出亲切的“家”的气氛。

如图 5-13 所示，将各种色彩与其他设计元素有机结合，使空间更具层次、韵律，富有表现力。

（a）

（b）

图5-13　色彩与其他元素的结合

点评：如图5-13所示，搭配不同的色彩、材质、光效使空间表情更加丰富迷人。

5.5 商业空间色彩设计原则

色彩设计在室内设计中起着改变或创造某种格调的作用，会给人带来某种视觉上的差异和艺术上的享受。人们进入某个空间最初的几秒钟内得到的印象 75% 是对色彩的感觉，然后才会去理解形体。因此，色彩给人们的第一印象是室内装饰设计不能忽视的重要因素。在室内环境中的色彩设计要遵循一些基本的设计原则，这些原则可以更好地使色彩服务于整体的空间设计，从而达到最佳的设计效果。

商业空间的色彩包含商业空间中的整体色调、装饰色彩、灯具色彩、服装色彩、商品色彩等，繁杂的空间色彩关系如何完美地组合，形成统一又有变化的色彩基调，是商业空间色彩研究的重要课题。因此，创造商业空间主题与产品性格相协调的有一定情调的色彩环境，是商业空间色彩设计的任务。

5.5.1 统一性

在商业空间环境中，各种色彩相互作用于空间中，确立总体色调要和展示商品的内容主题相适应，对商业空间环境起决定性作用的大面积色彩即为主色调。在空间、展品、装饰、照明等方面，都应在总体色彩基调上统一考虑，应与使用环境的功能要求、气氛和意境要求相适合，与样式风格相协调，形成系统、统一的主题色调。

5.5.2 突出主题

色彩设计应考虑以怎样的色调来创造整体效果，构成浓烈的空间气氛，突出主题。考虑内容与商品个性的特点，选择色彩要有利于突出产品，利用色彩对比方法使主题形象更加鲜明。

5.5.3 情感性

把握观众对色彩的心理感受，充分利用色彩给人的心理感受、温度感、距离感、重量感、尺度感等诱导观众有秩序、有兴趣地观看商品是商业空间色彩设计追求的目标。

5.5.4 生动且丰富

在色彩设计时，应避免过于单调或过于统一，没有变化，缺乏生气。在色彩面积、色相、纯度、明度、光色、肌理等方面应作有秩序、有规律的变化，给人以丰富的变化感，促使观众或顾客在浏览的过程中保持兴奋。

5.5.5 注意光对色的影响

不同的光源会对色彩产生不同的影响，应合理考虑色彩与照明的关系。光源和照明方式的不同会带来色彩的变化，加以灵活运用，可营造出神秘、新奇的气氛。

如图 5-14 所示，统一的整体色调，突出主题，富于动感且生动。如图 5-15 所示，色彩的搭配烘托出浓烈的空间氛围尤为重要。如图 5-16 所示，冷暖色调相配合呈现出较舒服的空间环境。如图 5-17 所示，对比色彩在光的作用下，生动且丰富。如图 5-18 所示，多样的色彩调配，构成戏剧性的空间效果。如图 5-19 所示，红色配以冷色灯光的衬托，呈现不一样的空间氛围，浓烈且富有张力。

（a）

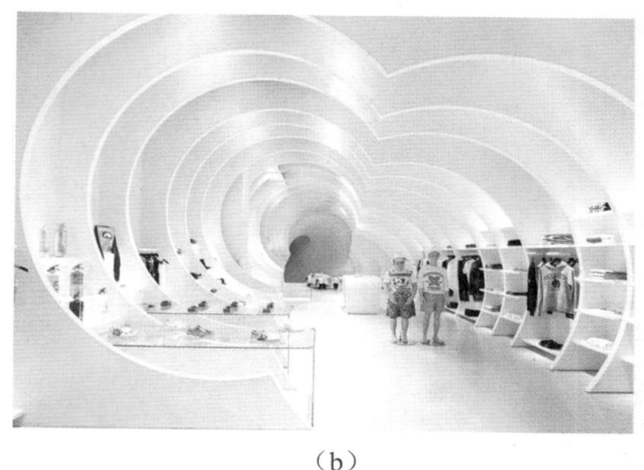

（b）

图5-14　统一的整体色调

点评：如图5-14所示，协调的色彩有助于形成统一的格调。

（a）

（b）

图5-15　色彩的搭配

点评：如图5-15所示，主色调在空间中占统治地位。

（a）

（b）

图5-16　冷暖色调的配合

点评：如图5-16所示，注重冷暖色调的搭配可以让空间更跳跃。

（a）

（b）

图5-17　对比色的效果

（c）

（d）

图5-17　对比色的效果（续）

点评：如图5-17所示，对比色的冲突效果让空间更具有动感。

（a）

（b）

图5-18　多样的色彩调配

点评：如图5-18所示，多彩的空间效果让商业气氛更加浓烈。

（a）

（b）

图5-19　红色和冷色光的搭配

点评：如图5-19所示，热烈的红遇到冷静的光迸发出创意的火花。

5.6 商业空间色彩搭配原则

在商业空间设计中，设计师对商业空间室内气氛进行营造时，常常通过色彩的魅力来增强艺术氛围，色彩几乎可被称为空间设计的“灵魂”。而色彩的特性决定着在设计的范围内，任何色彩是不分美与丑的，就如印象派大师凡·高曾说过的那样，“没有不好的颜色，只有不好的搭配”。商业空间色彩搭配中应注意以下原则。

（1）商业空间应有一个统一的色彩基调，以增强整体感。

（2）色彩搭配时必须以突出商品为前提，恰当的色彩对比会使商品更加突出。

（3）一般来说，一个商业空间中的空间配色不应超过三种，其中白色、黑色不算色。

（4）大面积色彩不宜色度过高、色相过多，色彩明度差异过大会使人感到视觉疲劳。

（5）对重点商品，要利用各种色彩对比的方式突出表现。

（6）金色、银色可以与任何颜色相衬。金色不包括黄色，银色不包括灰白色。

（7）最佳配色深度是墙浅，地中，陈设深。

（8）空间尽量使用素色的设计，以免影响商品在空间中的主导地位。

（9）天花板的颜色应浅于墙面或与墙面同色。当墙面的颜色为深色时，天花板应采用浅色。天花板的色系只能是白色或与墙面同色系。

（10）不同的封闭空间，可以使用不同的配色方案。

图 5-20 体现了不同色光对空间环境的影响，图 5-21 体现了光色共同营造空间整体环境氛围的效果。

（a） （b） （c） （d） （e） （f）

图5-20　不同色光对空间环境的影响

点评：如图5-20所示，同样的空间在不同的光色下呈现梦幻般的模样。

（a）

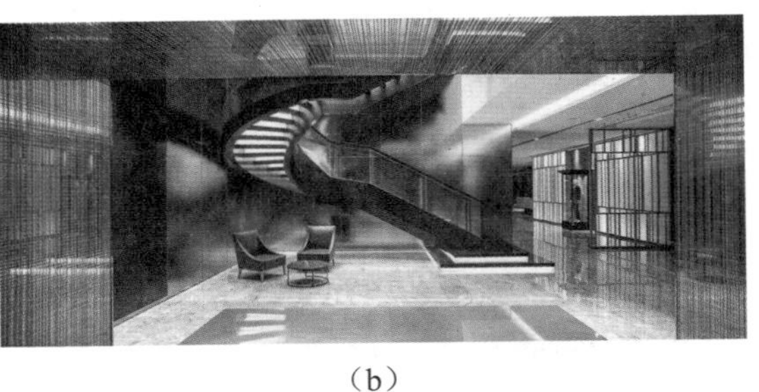

（b）

（c）

（d）

图5-21　光色共同营造氛围

点评：如图5-21所示，不同的光色作用于同一个空间中，可赋予其神奇的魔力。

商业空间色彩设计的要求是要表现商业空间设计主题，突出商品的特性、用途，通过各种设计手法来衬托商品。无论是空间界面还是货柜、货架的色彩都要有利于烘托商品、宣传商品和诱导购物。

如图 5-22 所示，冷暖色调相和谐的空间环境，看起来丰富多彩；图 5-23 展现了氛围温馨的空间环境；如图 5-24 所示，色调温馨和谐，烘托出了餐饮店的空间属性；如图 5-25 所示，整体的色调柔和统一；如图 5-26 所示，使用金银色点缀空间，使得空间别具韵味，呈现高雅气质。

（a）

（b）

图5-22 冷暖色调相和谐

点评：图5-22所示为冰与火的共同洗礼。

（a）

（b）

图5-23 温馨的氛围

点评：如图5-23所示的休憩空间需要营造温馨的氛围。

（a）（b）（c）（d）（e）（f）

图5-24　温馨和谐的色调

点评：如图5-24所示，不同主题的餐饮空间都需要和谐的就餐环境。

（a） （b）

（c） （d）

图5-25 柔和统一的整体色调

点评：如图5-25所示，柔和的光影色调为餐饮空间增添了一抹高级感。

（a）

图5-26 金银色点缀空间

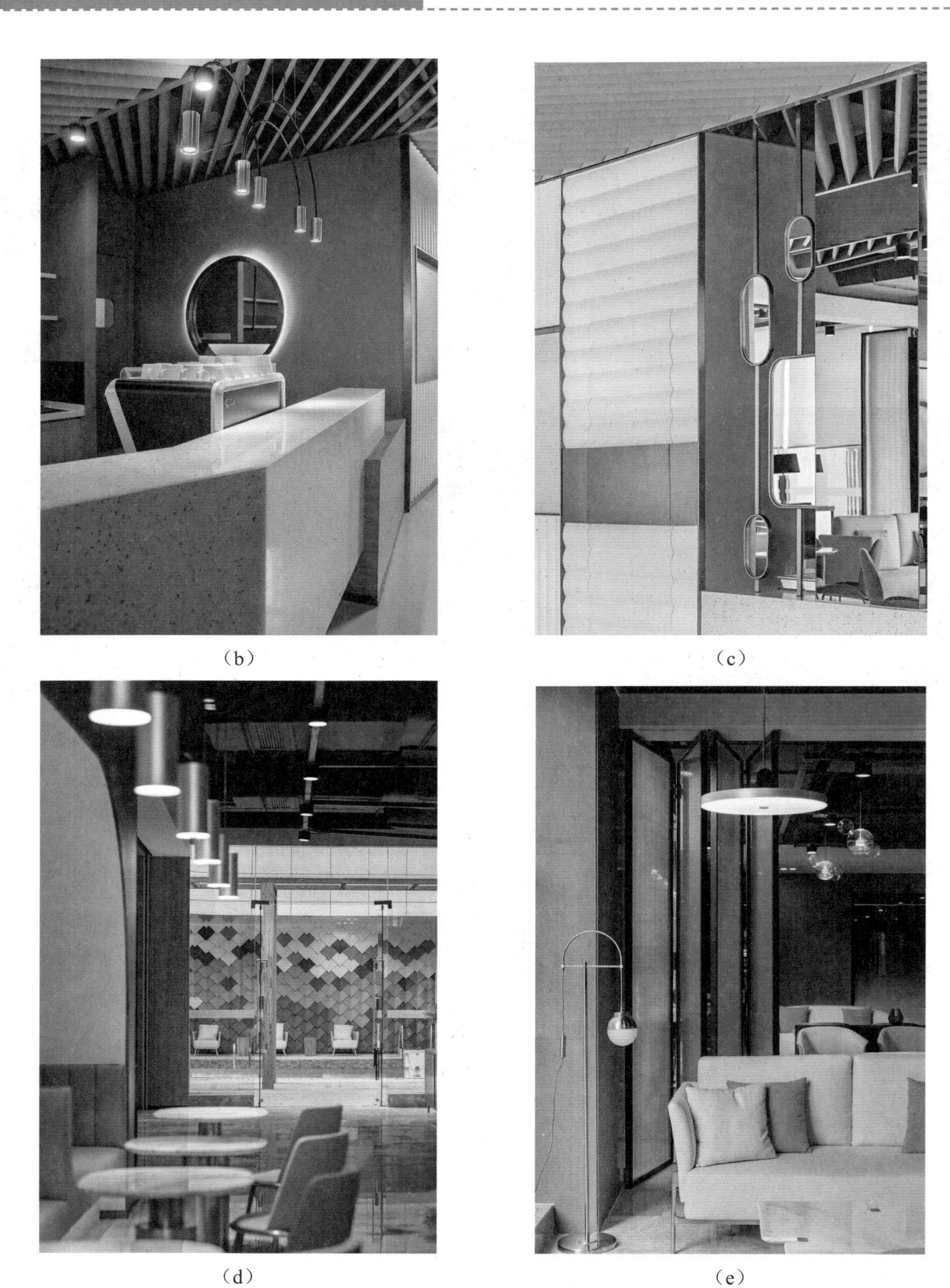

（b）　（c）

（d）　（e）

图5-26　金银色点缀空间（续）

点评：如图5-26所示，适当地使用金色会让空间品质得到提升。

本章小结

本章介绍了色彩的基本知识，对色彩的本质、属性、色调等重点内容进行了巩固学习。了解了色彩的物理效应及色彩对人的生理和心理作用，认识了色彩的空间感，并学习了商业空间中色彩设计的原则。

思考与练习

1．简述色彩的三种属性及概念理解。
2．色彩的三原色如何分类？都由哪些颜色组成？
3．商业空间色彩设计的原则都有哪些？

实训课堂

积极参与实践设计活动，在实践设计中锻炼并提高设计能力，将所学的色彩基本知识、色彩的物理效应、色彩对人的生理和心理作用、色彩的空间感、色彩设计的原则应用于方案设计中。

商业空间标识及导向系统设计

学习要点及目标

- 了解标识及导向系统在商业空间设计中的意义。
- 了解并学习CI系统内容。
- 重点掌握商业空间中的视觉形象设计及标识和导向系统的应用形式。

技能要求

提高对CI系统的认识能力以及在实际设计中运用标识及导向系统的能力。

本章导读

商业空间设计中，每个空间根据行业区分均有不同的视觉定位，并以整体形象面对消费者。那么，形成统一的视觉形象，就涉及企业形象设计（Corporate Identity，CI）方面的相关内容。CI作为企业形象一体化的设计系统，是一种建立和传达企业形象的完整和理想的方法。企业可通过CI设计对其办公系统、生产系统、管理系统以及经营、包装、广告等系统形成规范化设计和规范化管理，由此来调动企业中每个职员的积极性。通过一体化的符号形式来划分企业的责任和义务，使企业各职能部门有效地运作，树立起企业与众不同的个性形象，使企业产品与其他同类产品区别开来，在同行中脱颖而出，迅速有效地帮助企业创造出品牌效应，占有市场。

6.1 标识及导向系统

CI系统由理念识别（Mind Identify，MI）、行为识别（Behavior Identify，BI）和视觉识别（Visual Identify，VI）三方面构成。

MI：理念识别，称之为CI的“想法”，它是企业的“心”，是战略决策面。

BI：行为识别，称之为CI的“做法”，它是企业的“手”，是战略执行面。

VI：视觉识别，称之为CI的“看法”，它是企业的“脸”，是战略展开面。

在CI系统中，我们主要了解及掌握VI视觉识别的相关知识及内容。VI视觉识别系统在企业形象中的传播最为具体而直接，能将企业识别的基本精神、差异性充分地表达出来，快速地得到社会的认知，对建立企业的知名度与塑造企业形象有积极作用。

VI即Visual Identity，通译为视觉识别系统，是CI系统中最具传播力和感染力的部分。VI将CI的非可视内容转化为静态的视觉识别符号，以无比丰富的多样的应用形式，在最为广泛的层面上，进行最直接的传播。设计到位、实施科学的视觉识别系统，是传播企业经营理念、建立企业知名度、塑造企业形象的利器。

在品牌营销的今天，没有VI对于一个现代企业来说，就意味着它的形象将淹没于商海之中，让人辨别不清；就意味着它是一个缺少灵魂的赚钱机器；就意味着它的产品与服务毫无个性，消费者对它毫无眷恋；就意味着团队的涣散和低落的士气。

VI 一般包括基础部分和应用部分两大内容。其中，基础部分一般包括企业的名称、标志、标识、标准字体、标准色、辅助图形、标准印刷字体、禁用规则等。而应用部分则一般包括标牌旗帜、办公用品、公关用品、环境设计、办公服装、专用车辆等。

作为 VI 系统的一部分，标识及导向系统在商业空间识别、导向、指引、提示等方面发挥着重要的作用，是商业空间持续、协调发展的有机组成部分。

标识及导向系统具有两种重要的作用：识别、导向、指引作用；提示、告知作用。

如图 6-1 所示是标识导向牌，起到导向、指引的重要作用；如图 6-2 所示，大堂主墙面标识与服务台为空间中不可缺少的组成部分，亦在空间中起到重要的指示作用；如图 6-3 所示，图形化的特征语言，呈现出品牌的特征与含义。

（a）

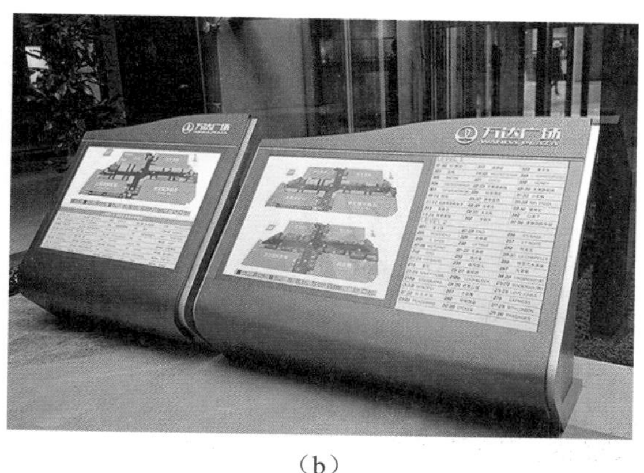

（b）

图6-1 标识导向牌

点评：如图6-1所示，楼层导向可以帮助顾客尽快了解整体布局。

（a）

（b）

图6-2 大堂主墙面标识与服务台

（c）

（d）

图6-2　大堂主墙面标识与服务台（续）

点评：图6-2所示背景墙上的标识让人一目了然。

（a）

（b）

（c）

（d）

图6-3　图形化的特征语言

点评：如图6-3所示，室外的标识醒目明确。

6.2 标识及导向系统的应用形式

6.2.1 标识的应用形式

企业标识设计不仅仅是一个图案设计，而是要创造出一个具有商业价值的符号，要兼具艺术欣赏价值。标识图案是形象化的艺术概括。设计师需以自己的审美方式，用生动具体的感性形象去描述、表现标识图案，促使标识主题思想深化，从而达到准确传递企业信息的目的。在商业空间中标识的应用极其广泛。

图 6-4 中的背景墙面标识的应用是最广泛的应用形式，突出主体，醒目且直接。如图 6-5 所示，标识重复出现，以加深消费者对品牌的认知度，使品牌得以快速推广。如图 6-6 所示，整体形象的传达，使空间及品牌自身呈现统一的识别特征。如图 6-7 所示，门头设计为整体设计中的重点，标识的应用形式以不同的表现手段加以诠释。如图 6-8 所示，灯箱为商业空间中不可缺少的一部分，其形式设计也尤为重要。如图 6-9 所示，在室外室内设计中延伸设计语言或符号，以传达品牌形象为设计目的。如图 6-10 所示，标识传递着整体形象的信息。

（a）

（b）

图6-4 背景墙面标识的应用

点评：如图6-4所示，简洁的标识让人印象深刻。

（a）

（b）

图6-5 标识重复出现

（c）

（d）

图6-5　标识重复出现（续）

点评：如图6-5所示，标识在空间中多次展示有利于开展商业活动。

（a）

（b）

（c）

（d）

图6-6　统一的识别特征

点评：如图6-6所示，品牌的标识与空间融为一体。

（a）

（b）

（c）

（d）

图6-7　门头标识

点评：如图6-7所示，门头的标识具有鲜明的特征。

（a）

（b）

图6-8　灯箱标识

（c）

（d）

图6-8　灯箱标识（续）

点评：如图6-8所示，灯箱标识有着别具一格的样态。

（a）

（b）

图6-9　室内室外标识

（c）

（d）

图6-9 室内室外标识（续）

点评：如图6-9所示，室内外空间的标识有所区别。

（a）

（b）

（c）

（d）

图6-10 同一品牌的标识可灵活变化

点评：如图6-10所示，同一品牌的标识在重复中要有变化。

6.2.2 导向系统的应用形式

导向系统是结合环境与人之间的关系的信息界面系统。很多情况下，它体现为标识的个体造型，导向系统现在已经被广泛应用在现代商业场所、公共设施、城市交通、社区等公共空间中，导向系统不再是孤立的单体设计或简单的标牌，而是整合品牌形象、建筑景观、交通节点、信息功能甚至媒体界面的系统化设计。

如图 6-11 所示，指示标牌不仅起到指引、指示的作用，同时传达着某些信息，使观者得以认知。如图 6-12 所示，导向系统的信息界面范围很广，不但起到指示、指引作用，同时起到展示、告知的作用。如图 6-13 所示，直观的指示，一目了然。如图 6-14 所示，标识的表达手段随着社会意识和技术的发展而进步，表现得更活跃、更具有交互性，并且和事件营销结合更紧密。如图 6-15 所示，形象背景是导向系统最广泛使用的传达形式。如图 6-16 所示，门头的标识具有导向作用，是设计中的重点。

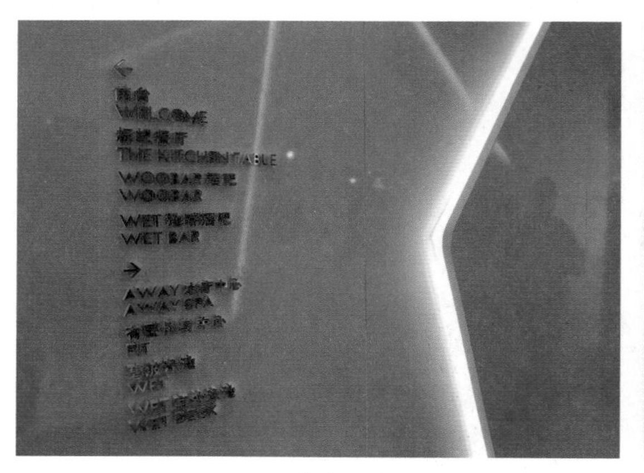

（a）

（b）

（c）

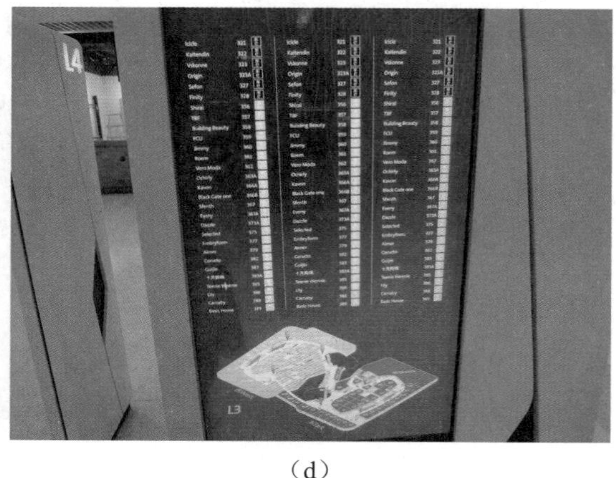

（d）

图6-11　指示标牌

点评：如图6-11所示，指示性标识具有导向作用。

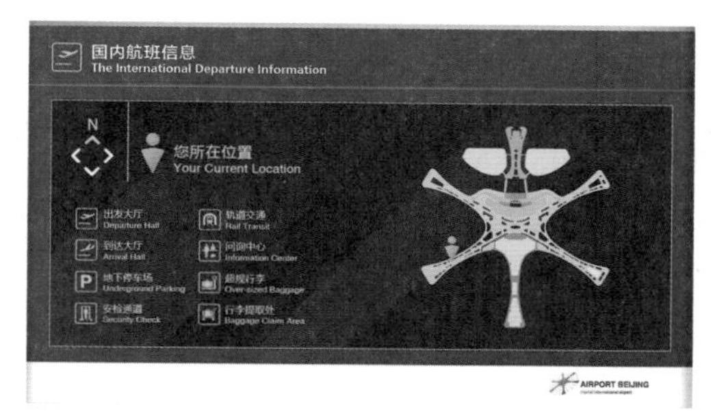

（a）

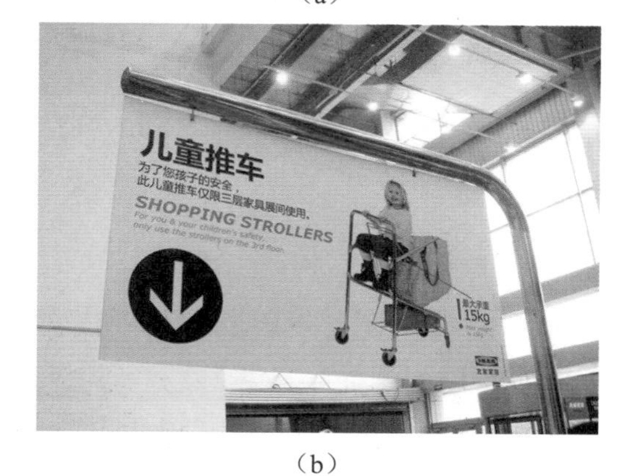

（b）

（c）

图6-12　导向系统的信息界面

点评：如图6-12所示，标识在空间中起到辅助服务作用。

（a）

（b）

图6-13　标识的明确性

（c）

（d）

图6-13 标识的明确性（续）

点评：如图6-13所示，标识对空间意义的传达要明确直接。

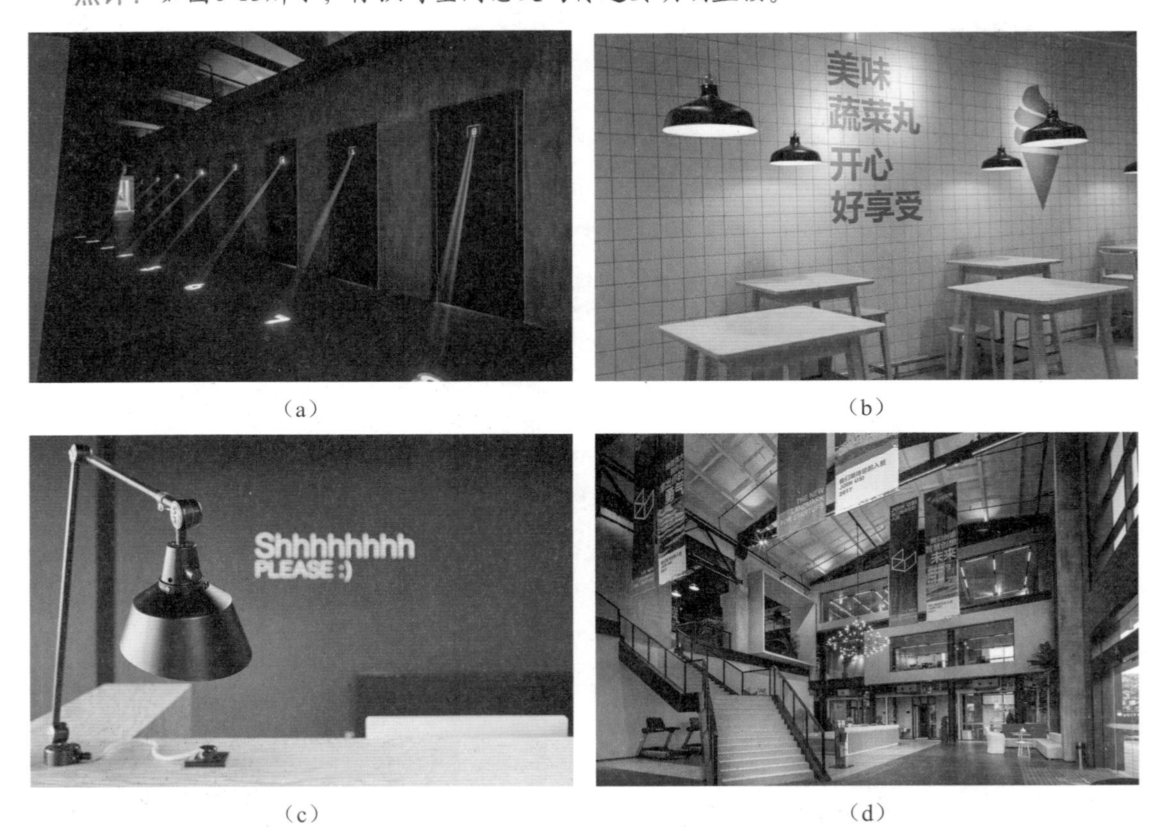

（a） （b）

（c） （d）

图6-14 标识的发展

点评：如图6-14所示，标识的科技感和网络化越来越强。

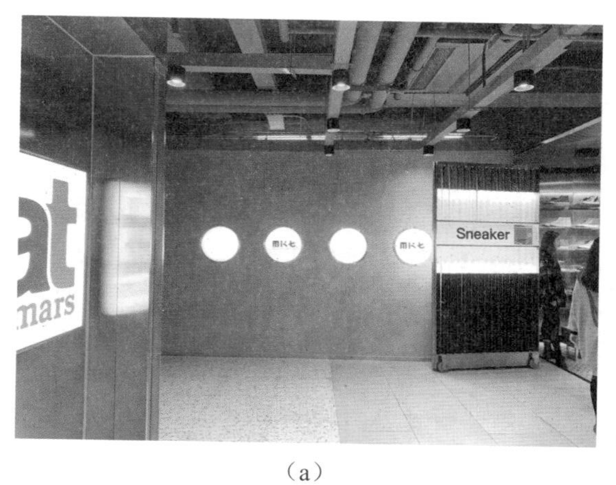

（a）

（b）

（c）

（d）

（e）

(f)

图6-15　背景标识的直接性

点评：如图6-15所示，醒目的标识对品牌的表达最为直接。

（a）

（b）

（c）

（d）

图6-16　门头标识的重要性

点评：如图6-16所示，门头的标识设计具有重要的地位。

本章小结

本章介绍了标识及导向系统在商业空间设计中的意义，以及CI系统的构成，VI（视觉识别）系统的内容、作用，标识及导向系统的应用形式。

思考与练习

1. CI系统的内容包括什么？
2. 标识及导向系统的作用是什么？

积极参与实践设计活动，在实践设计中锻炼并提高设计能力，将所学 CI 系统、VI（视觉识别）系统的内容、作用以及标识和导向系统的应用形式应用于方案设计中。

附录　推荐设计网站

中国设计网：http://www.cndesign.com/
中国室内人设计师网：http://www.snren.com/
中国室内设计网：http://www.ciid.com.cn/
中国建筑与室内设计师网：http://www.china-designer.com/
美国室内设计中文网：http://www.id-china.com.cn/
筑龙网：http://www.zhulong.com/
景观中国：http://www.landscapecn.com/
自由设计新家园：http://www.wswin.com/
天诺时尚空间：http://www.ateno.com/
中国 CG 资讯网：http://www.cgtimes.com.cn/
大木设计中国：http://www.chnroot.com/
我爱设计网：http://www.52design.com/
中国照明网：http://www.lightingchina.com/
中国设计之窗：http://www.333cn.com/
中国设计在线：http://www.oado.com/
中华室内设计网：http://www.a963.com/
焦点设计师网：http://home.focus.cn/elite/designer.php/
设计艺术家网：http://www.chda.net/
中国大师网：http://www.z6.cn/
中国美术联盟：http://mslm.com.cn/
中国效果图联盟：http://www.3dmax.cn/
设计联盟：http://www.cndu.cn/
顶尖设计：http://www.bobd.cn/
自由建筑报道：http://www.far2000.com/
秀家网：http://www.xiuhome.com/
建 E 网：http://www.justeasy.cn/
逸品室内设计：http://www.yipin.cn/
中国环境设计在线：http://env.dolcn.com/
久久室内设计网：http://www.99cad.com/
支点艺术设计网：http://www.zdsee.com/
现代装饰：http://www.cnmd.net/
火星时代：http://www.hxsd.com/
建筑论坛：http://www.abbs.com.cn/

中国室内设计联盟：http://bbs.cool-de.com/
景观人才网：http://www.landscapehr.com/
建筑英才网：http://www.jianzhuhr.cn/
中国建设人力资源网：http://www.mochr.com/
设计艺术人才网：http://www.chdajob.com/
设计英才网：http://www.sjjob88.com/

参考文献

[1] 张绮曼，郑曙．室内设计资料集[M]．北京：中国建筑工业出版社，1993．
[2] 郭立群．商业空间设计[M]．武汉：华中科技大学出版社，2008．
[3] 周莉，袁樵．餐馆照明[M]．上海：复旦大学出版社，2004．
[4] 鲁睿．商业空间设计[M]．北京：知识产权出版社，2005．
[5] 周昕涛．商业空间设计[M]．上海：上海人民美术出版社，2006．
[6] 符远．展示设计[M]．北京：高等教育出版社，2003．
[7] 郑成标．室内设计师专业实践手册[M]．北京：中国计划出版社，2005．
[8] 田鲁．光环境设计[M]．长沙：湖南大学出版社，2006．
[9] 张志颖．商业空间设计[M]．长沙：中南大学出版社，2007．
[10] 周长亮，李远．商业空间设计[M]．北京：中国电力出版社，2008．
[11] 隋良志，刘锦子．建筑与装饰材料[M]．天津：天津大学出版社，2008．
[12] 田原，杨冬丹．环境艺术装饰材料设计与应用[M]．北京：中国电力出版社，2009．
[13] 李泰山．环境艺术专题空间设计[M]．南宁：广西美术出版社，2007．
[14] 陈根.商业空间设计[M]．北京：化学工业出版社，2019.
[15] 李远，唐茜，李雯雯.商业空间设计[M]．北京：中国轻工业出版社，2017.
[16] 董君.商业空间（精）/室内设计工程档案[M]．北京：中国林业出版社，2017.
[17] 吴卫光，王晖.商业空间设计[M]．上海：上海人民美术出版社，2017.